ものづくりのための創造性トレーニング

― 温故創新 ―

渡邊　嘉二郎
城井　信正
小林　一行　共著
小坂　洋明
栗原　陽介

コロナ社

まえがき

　本書は，筆者らがあまり意識することなく取り組んできたアイデア創生の方法を，「新たなものづくり」の一つの発想法として整理しようとしたものである。特にここでは最も困難と考えられる「既存デバイスから新製品を展開する」方法に焦点を当てる。
　「アイデアを創生する能力すなわち創造性は天賦の才ではなく，いくつかの方法を学びそれを繰り返しトレーニングし努力することによって習得できるものである。」
　これは仮説であるが信じるに足る仮説であろう。本書はそのための発想法の一つを述べるのであるが，この発想法を整理するにあたり，つぎのキーワードが頭をよぎった。

（1）　創造性トレーニング：創造性は天賦の才として与えられるものではない。トレーニングにより誰もが習得できる。

（2）　システム思考：全体を観ることと部分を観ることの意義。古典的科学技術は元素還元論をベースに部分を観る。ホーリズムをベースとする全体を見渡す（俯瞰する）システム科学があってよい。

（3）　アナロジー：電気振動も機械振動も音響振動も電磁波もエネルギーの形態を変えながら循環しているだけ，振動現象としては同じこと。自然は意外とこのような現象が多い。

（4）　フィードバック：よいものの中にはフィードバック制御機能が内在している。

（5）　水平展開：すでにあるものに少しの機能を付加することで新たなニーズに応える。

（6）　シーズからニーズへ：咲かせた経験のない種より，嫌というほど花を咲かす種に少し交配して花を咲かせる種にする。

（7）　既存デバイスを骨の髄までしゃぶる：既存デバイスを縦横斜めから見て新たな機能を見出す。

（8）　効率的商品開発：金と時間をかければ，ほとんどのものはつくれる。これらをかけずに，すごい商品を開発する知恵。

（9）　高校の物理のテキストで十分：高校のテキストにはすべてが記載されている。ただ受験であわて，じっくり読み込んでいない。じつはほとんどの専門家もわかっていない。

（10）　温故知新：古い事柄も新しいものごともよく知っていて初めて人の師となるにふさわしい。

まえがき

キーワードの（1）「創造性トレーニング」は信条である。この信条は仮説と述べたがこれを信じなければ，私のような凡才はなにもつくり出せない。（2）「システム思考」，（3）「アナロジー」は認識の方法である。（4）「フィードバック」は最も優れたシステムのありよう一つであり，これらを経験すると誰もが面白いと思う。（5）〜（8）の「水平展開」，「シーズからニーズへ」，「既存デバイスを骨の髄までしゃぶる」，「効率的商品開発」はビジネス企画の方法と目的である。（9）はわが国の自然科学教育に対する警告であるとともに，ものごとを知れば知るほど高校の物理学のテキストがうまく書かれていることを思い知らされる。最後の（10）の「温故知新」はここでの試みに近い諺である。ただ，温故知新はこの試みの趣旨には類似するが異なる。（2）〜（9）のキーワードを内包しここで述べたい内容を温故知新から模索してみた。

「温故知新」は "Visiting old, learn new." である。ここでは "learn" ではなく創造を目的とする。"learn" を "find" とすれば "Visiting old, find new." は「温故生新」となる。より近いが "find" は科学的すぎる。「つくること」を強めるとすると，"find" より，より "create" がよさそうだ。そうすると，"Visiting old, create new." となる。これを四文字熟語にすれば「温故創新」となる。そしてこの温故創新を有り体にいえばつぎのようになる。

「ある目的で最適化された優れた既存デバイスの基本原理に戻り（visiting old），その基本原理から再出発して新たな目的を持ったデバイスあるいはシステムを，元のデバイスの構造を大きく変えることなく再構築する（create new）。」

この命題において，ある目的を持ったデバイスを別の目的に転用するという発想自体が（2）のシステム思考的であり，（3）のアナロジー的発想である。また優れたデバイスに注目すると内部には（4）フィードバック機能が内在されており，これがそのデバイスの多様な用途を示唆している。さらにこの発想自体がまさに（5）水平展開発想である。（6）シーズからニーズへはこの発想を比喩的に表現したものである。この命題を実あるものにするためには，優れた既存デバイスを（7）の骨の髄までしゃぶるように，徹底してさまざまな観点から見直さなければならない。例えばフィードバック機能が内在しているとすれば，既存デバイスの原因（入力）を結果（出力）として，結果（出力）を原因（入力）とする因果の反転という発想も可能である。またデバイスの構造を大きく変えないので，（8）効率的開発の条件は満たされる。この発想は元素還元論的ではなくシステム論的であり，新たな物理的原理を発見しそれを実用化するという発想ではない。むしろ既知の物理学の原理のシステムとしての組合せに創造性を発揮する発想である。そのため，活用する物理学的原理は高等学校の物理学の内容で十分である。これにより（9）は担保される。まさに「温故」である。

「温故創新」= "Visiting old, create new." の標語をもとに，上記命題を遂行する方法および

実際の例を紹介することとなる。このような内容の図書に目を通すことで「創造性のトレーニング」の基本的な考えを習得し，日々新たなものを創造することにこだわり続けることである。

　本書の第1章は「発想転換の心理学」と題して，既存デバイスから新たな製品を構築する心理的な困難さやこれを克服する思考法を紹介する。心理学における過去の研究より，創造における思考法および創造における人間の心の変容を紹介する。また創造を支援する連想やアナロジーおよび心の中心転換について紹介する。これらの内容が創造プロセスの中で五里霧中にある発明家に道標を与えることを期待する。

　第2章は「創造性トレーニング」と題して，筆者の一人である城井氏の体験に基づく創造性トレーニング論を紹介する。城井氏は自動車会社で自動車という裾野の広いものづくりにおいてデザイン開発，商品開発という業務に携わり，その中で創造性に関わる数々の知見を構築し，その後，商品開発の会社を設立し化粧品，食品に至るまで，「自分の専門分野を超えたさまざまなものづくり」に関わってきた。これらの経験で得られた手法を紹介し「ものづくりの次代を担う若い人達」に少しでも役立てばという思いを述べてもらった。さまざまなコピーワードが登場し創造実践の背中を押してくれるはずである。

　第3章は「分野を超えたシステムのモデリング」と題して対象の数学モデルの構築の方法を紹介する。この方法は制御工学における伝達関数論とブロック線図論である。これらの方法は連続系で因果関係のあるシステムであればどのような対象でも共通にその特性を記述できる優れものである。

　第4章は「再発見のための物理学の見方」と題して，高等学校の物理学を俯瞰するとともに，元素還元論的に実際の現象を捨象に捨象を重ね純化した現象で法則がつくられていることを第3章の伝達関数を使って示す。実際のものは，それが電気素子として電気的な扱いしかされていなかったものでも，実体としては力学系や熱系が複雑に絡まりフィードバック系を構成していることを例示しデバイスのシステム論的な見方を紹介している。この見方は既存デバイスを別視点で見る際にきわめて重要である。

　第5章は「創造性トレーニングの課題一覧」であり，シーズからの展開30事例とニーズからソリューション対応10事例を紹介している。この事例はあくまでも自らの創造を訓練するきっかけでありこれに付随する課題が設定されている。この事例からインスピレーションを得て読者自らがシーズを新たな分野に展開してほしい。課題の解は唯一ではなく，読者の解答が正解である。この解がいまだ誰にも考えられていないものであれば特許となり得る。またニーズが与えられた事例はそのソリューションも多様であり，オリジナルなソリューションもあり得る。そのようなソリューションを読者に期待する。

　第6章は「創造性トレーニングの事例」であり，第5章の合計40事例の課題の解答の一

つを示したものである。これらの解答はじつは筆者らの研究成果であり，本書では解答のエッセンスしか述べていない。読者の中で興味がある方がいれば，参考文献を示しておいたので，それらを読み解いてほしい。

この図書は読んでいただくだけでなく，この図書の内容からなんらかのインスピレーションを受けて，自らの創造課題をつくりそれに個性的な解答を与えてほしいと考えている。その作業こそ創造性トレーニングである。できれば自らのアイデア，創造の苦しみの結果を特許申請書の形で整理していただきたい。

本書の紙面はあえて余白を広く取っている章がある。なんらかのインスピレーションを受けたら，是非余白を活用することをお勧めする。

この考え方や教育体系は従来の工学における縦割り体系にはない。むしろ縦割り体系を横断するような体系の一つである。国際競争が激しい中で，新たな原理が見つかるまでの間，このような発想で耐え忍ばなければならない。あるいはこのような発想を徹底する中から，どこで新たな原理が必要なのかが明らかになり，その原理の開発のヒントや開発の道標を与えるであろう。いままで創造性の教育に取り組み，若い科学者やエンジニアにこの学習を促してきたかといえば，われわれ自身自責の念に駆られる。構築済みの工学の重箱の隅を突っつくような研究しかしてこなかった。教育も定番の体系を教授するに留まった。近代産業草創期におけるエンジン，自動車，電気機器などには見事な発想に基づく知恵が組み込まれている。そこには創造性がふんだんにあった。科学技術を志す者の本質はまさにこの創造性にあった。筆者らは，この図書が科学技術における原点に戻るきっかけとして一石，一木でも投じることができればと切に願うしだいである。

また本書の出版に当たりコロナ社には大変世話になった。心から感謝申し上げたい。

2014 年 12 月

筆者代表　渡邊　嘉二郎

目　　　次

I編　創造性の心理学とトレーニング

1章　発想転換の心理学

1.1　既存デバイスの新製品展開の困難さ 2
　1.1.1　開発の特殊性 2
　1.1.2　発想転換における心理的抵抗 5
1.2　創造性の心理学 7
　1.2.1　創造における思考 7
　1.2.2　創造における心 9
1.3　創造性トレーニング行動指針 14
　1.3.1　創造的思考プロセスのどこにいるかを判断する 14
　1.3.2　ある種の不足を感知しているか 16
　1.3.3　構えていないか 18
　1.3.4　再　構　築 21
　1.3.5　むすびに　―失敗を恐れず繰り返しています― 22

2章　創造性トレーニング

2.1　創造体質改質に向けて 24
　2.1.1　「self-OS」構築が改質のカギ 24
　2.1.2　「self-OS」構築に向けて 25
2.2　起想力発揮の阻害排除 31
　2.2.1　阻　害　要　因 31
　2.2.2　阻害要因排除のために 31
2.3　想起イメージの具現化 32
　2.3.1　具現化に向けて 32
　2.3.2　自らの創造活動のチェックリスト 33

II編 再発見のための数学・物理学と創造性トレーニング課題

3章 分野を超えたシステムのモデリング

- 3.1 伝達関数とブロック線図による対象の表現 ………………………… 36
  - 3.1.1 ラプラス変換法 ………………………… 36
  - 3.1.2 微分方程式のラプラス変換による解法 ………………………… 38
- 3.2 伝達関数論 ………………………… 40
  - 3.2.1 伝達関数 ………………………… 40
  - 3.2.2 基本伝達関数と応答 ………………………… 43
- 3.3 ブロック線図論 ………………………… 44
  - 3.3.1 システム表現 ………………………… 44
  - 3.3.2 ブロック線図から伝達関数への変換 ………………………… 48

4章 再発見のための物理学の見方

- 4.1 物理学を俯瞰する ………………………… 52
  - 4.1.1 物理学の各分野と法則 ………………………… 52
  - 4.1.2 物理学の法則と物理システムの伝達関数およびブロック線図表現 ………………………… 55
- 4.2 平行板コンデンサの二つの顔 ………………………… 60
  - 4.2.1 コンデンサの特性 ………………………… 60
  - 4.2.2 コンデンサの電圧-電位変換循環系 ………………………… 62
  - 4.2.3 コンデンサの力-電圧変換循環系 ………………………… 63
  - 4.2.4 コンデンサの変位-電圧変換循環系 ………………………… 64
  - 4.2.5 ピエゾデバイスの二つの顔 ………………………… 65
- 4.3 磁石と導体からなるデバイスの二つの顔 ………………………… 66
  - 4.3.1 電動機 ………………………… 66
  - 4.3.2 発電機 ………………………… 69
- 4.4 接合金属（半導体）の二つの顔 ………………………… 70
  - 4.4.1 熱電現象 ………………………… 70
  - 4.4.2 熱電現象のモデル ………………………… 71

5章　創造性トレーニングの課題一覧

5.1　シーズからニーズへの展開のためのトレーニング課題 …… 74
 【シーズ 1】天ぷら廃油回収器（初級） …… 78
 【シーズ 2】猫の自動餌やり器（初級） …… 78
 【シーズ 3】害虫の捕獲器（初級） …… 79
 【シーズ 4】マイクロホンとしての活用（中級） …… 79
 【シーズ 5】カーオーディオスピーカによるセキュリティ応用展開（中級） …… 80
 【シーズ 6】AV機器に搭載されるスピーカを屋内セキュリティセンサ化する（中級） …… 80
 【シーズ 7】異音発生場所の推定（中級） …… 81
 【シーズ 8】ゴルフスイング速さの非接触計測（中級） …… 82
 【シーズ 9】小型装置で質量を等価的に大きくする機構（上級） …… 83
 【シーズ 10】必要なときに目覚める一次電池（中級） …… 84
 【シーズ 11】ぜんまいばね発電（初級） …… 85
 【シーズ 12】マイクロホンの極低周波領域における超高感度圧力センサ化（上級） …… 86
 【シーズ 13】火災，侵入，地震，光検出型総合セキュリティセンサ（上級） …… 87
 【シーズ 14】ゴルフヘッドアップセンサ（中級） …… 88
 【シーズ 15】無拘束ベッドセンシング（上級） …… 89
 【シーズ 16】ユビキタス医療センシング（中級） …… 90
 【シーズ 17】スマートホン端末搭載指向性マイクロホンによる生体計測（上級） …… 91
 【シーズ 18】マイクロホンの加速度センサ化（中級） …… 92
 【シーズ 19】不完全燃焼センサ（上級） …… 92
 【シーズ 20】パイプの外から測る流量計（上級） …… 93
 【シーズ 21】楽器胴体を利用する音の再現型ラウドスピーカ（中級） …… 94
 【シーズ 22】自動車用サウンドアクチュエータ（中級） …… 95
 【シーズ 23】ベッドに寝る人の寝返り方向，脈拍，呼吸計測（上級） …… 96
 【シーズ 24】自動車に隠れている人の検知（上級） …… 97
 【シーズ 25】流量計機能（中級） …… 98
 【シーズ 26】うず笛の流量計の呼気流量計（上級） …… 99
 【シーズ 27】ホイッスル要素の流量計としての機能（上級） …… 100
 【シーズ 28】自動車対地速度計（上級） …… 101
 【シーズ 29】圧力調整器からのエネルギー回収（上級） …… 102
 【シーズ 30】アースドリル工法におけるN値判定法（中級） …… 103

5.2 ニーズからソリューション展開のためのトレーニング課題 104
  【ニーズ 1】振動加速度が閾値を超えると知らせる無電源加速度センサ（初級） 105
  【ニーズ 2】質量を等価的に大きくする原理的機構（初級） 106
  【ニーズ 3】無電源100年火災報知器（中級） 107
  【ニーズ 4】自動車燃料計（上級） 108
  【ニーズ 5】自動給気扇（上級） 109
  【ニーズ 6】煙道・パイプを通過する煤塵・塵埃の質量流量の計測（上級） 110
  【ニーズ 7】パイプの長さの計測（上級） 111
  【ニーズ 8】パイプのリーク場所の検知（中級） 112
  【ニーズ 9】パイプの詰まり場所の検知（上級） 112
  【ニーズ10】パイプのリーク場所の検知（初級） 113

6章　創造性トレーニングの事例

シーズ展開事例1：コンデンサマイクロホンの超高感度圧力センサ化とその展開 116
シーズ展開事例2：ピエゾ（圧電）素子の活用 124
シーズ展開事例3：ホイッスルを流量計に使う 132
ニーズ対応事例4：電波の定在波の利用 136
ニーズ対応事例5：自動車の高精度燃料計 140

引用・参考文献 144
索　　　引 146

I編 創造性の心理学とトレーニング

　発想転換は心理学的にいって，とても困難なことである。しかし，これができるようになると大きな価値をもたらす。なにもなかったように流れているわれわれの日常生活の中で，不足を掘り起こし，それを充足するアイデアを出すことは人々に大きな益を与える。企業家的にいえば，目の前の日常性の中で気づかれないまま「アイデア」＝「何億円の札束」がただ流れているのである。20年前のある道具は，今日大幅に改善されている。現在当たり前に使われているものは，20年後にさらに改善されているであろう。20年もかけないで，いますぐにでもよくしたい。このためには，いま当然と思うことから脱却して不足を掘り起こし，それを充足するように発想の転換を行って，創造することが必要である。この発想転換を邪魔するものが心理学的にはなんなのかを知っておきたい。また発想転換をスムーズに行うための，いくつかの視点も知っておきたい。これにより発想転換は少し楽になるかもしれない。

　将校は戦場という究極のストレスの中で，兵士がどのような心理状態に陥るか客観的に観る訓練を受けている。戦場で，将校自身も彼の部下もパニックに陥らない最善の方策をとるためだ。われわれはなにか新たなものを創造しようとするとき，心理的に強いストレスを受ける。苦しいのである。このストレスは戦場におけるものとは異なるかもしれない。しかし苦しさという意味では同じで，創造における自らの心の状態がどのようになっているかを知っておくと，創造における孤独や苦しみは自分だけではないことが認識できる。この認識が苦しい創造を途中でやめないで，時間をかけながらでも創造活動が続けられる原動力となるであろう。本編では，そのような内容を紹介する。

　第1章では，既存デバイスから新製品に展開する際の発想転換の困難さ，その原因となる心理，発想転換に必要な発散的思考法，手段の機能固定からの解放，創造性と個性の関係などについて述べる。続いて創造プロセスにおける思考プロセスや，そのプロセスで必要な連合（連想），洞察，情報処理のアプローチを述べ，創造性トレーニングの行動指針について言及する。ここでは具体的な実践法を述べない。実践法は唯一ではなく，むしろ各人の個性や経験で創生されるべきものである。第2章では自動車のデザイナーとして活躍し，現在でもさまざまな作品を世に出している共著者の城井氏による城井流創造性トレーニング実践法を紹介する。いったん湧き出したら止まらない創造性の実践法である。

1 発想転換の心理学

　本章は創造性に関する心理学について述べる。理工系を専門とする者にとって心理学は別世界のことのように思えるであろうが，じつはわれわれがなにかを創造しようとするときに，誰もが経験している自らの心（思考）に浮かぶことを，少し客観的視点から整理しているに過ぎない。客観的に自らの心理状態がみえることは創造活動において重要なことである。というのは，川を水が流れるごとく作業はスムーズには進まない。結果として，いやになって諦めたり，先送りにしたりしてしまう。こんなときの自分自身の心の変容や状態が確認できることは，自らの励ましになる。また仕事に詰まったとき発想転換思考の方法を思い出すだけでも助けになる。同僚と会話したとき，同僚の心理状態を客観的な言葉として話すことで，同僚は創造の苦しみの淵から浮き上がれるかもしれないのである。

1.1 既存デバイスからの新製品展開の困難さ

1.1.1 開発の特殊性

〔1〕**既存デバイスからの新製品展開の特質**　「既存デバイスからの新製品展開」は発想転換を必要とする困難な課題である。エンジニアは真面目であればあるほど与えられた仕様をより完全につくり込むことに心が奪われる。苦労を重ね最適化したものを違う目的に使うことなどプライドが許さない。これは心理学的に当然である。そのため「既存デバイスからの新製品展開」の意義は理解できるが，具体的にどのように展開したらよいかはあまり考えようとしない。

　メーカーは自社の得意とするコア技術をベースに，マーケットの状況を見ながら新製品を開発してきている。しかしメーカーの開発担当者は，コアとなる要素技術から新製品を生み出すのであり，そこには「既存デバイスからの新製品展開」という発想ではなく，むしろまったく新たな製品を開発してきたつもりでいる。しかし，これは広い意味で既存デバイスからの新製品展開である。

〔2〕**仕様というゴールが与えられた開発は階層的思考である**　図1.1（a）にコア技術から新製品を展開する場合，図（b）に既存デバイスを直接新規製品に展開する様子を示す。自社の持つコア技術を利用した新製品の姿が

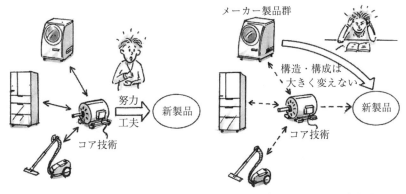

（a）コア技術からの新製品展開　　（b）既存デバイスからの新製品展開

図1.1 コア技術からの新製品展開と既存デバイスからの新製品展開

見え仕様が与えられている場合，開発の個々の段階でローカルな工夫と努力が必要であるに違いないが，開発の考え方は直線的で明確である。開発のゴールを明確に定められ，それを実現する下位の技術，その技術の基で製品づくりを可能にする物資の調達，製造と収束的な考え方で整理される。もちろん開発に必要な技術は一つではなく，複数の技術を組み合わせたシステムとなり，ゴールは一つでも下位になれば必要な事柄は末広がりとなる。しかしこれらですら，内容は技術別あるいは機能別に階層構造的に整理される。知識の整理体系として階層構造は多くの人に受け入れられてきている。この場合，新製品を開発する開発プロセスは明確に設定し得るのである。

〔3〕　**既存デバイスを利用する開発はゴールを模索する思考である**

一方，既存デバイスをそのまま別用途に展開することは，すでにできあがっている製造ラインを活用できるだけでなく，量産効果にも期待できるという意味で魅力的である。このためには，存在しない，しかし可能性のある多くの別用途を想定し，そこから有用な用途を見つけ出すという，逆からの発想が必要となる。四方八方に目をやり，なにか別な用途はないかと拡散的に思考することとなり，地図のないジャングルを歩むような苦しい仕事である。この仕事の羅針盤は，このデバイスを構成する要素や全体についてのゆるぎない根幹の知識である。

〔4〕　**シーズのニーズへの展開も拡散的思考が必要**　　近年，大学のもつ知見をシーズ（seeds）と考え，産業界のニーズ（needs）にコラボレーションする政策が組織的に取り組まれている。このコラボレーションにおいて，**図1.2**（a）に示すようにシーズからニーズを生み出すことは，シーズを生み出す以

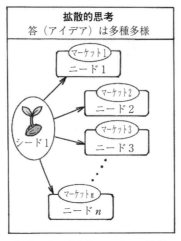 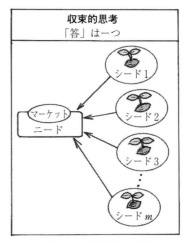

（a）シーズからニーズへの展開　　（b）ニーズを満たす設計

図1.2　ニーズのための技術シーズは容易に発想できるが
シーズをニーズに展開する俯瞰的能力が必要である

上の発明・発見が必要で困難な仕事である。担当者はかなり高度な技術と幅広いマーケットの知識およびどこで，誰がなにに困っているかという情報が必要である。このときに拡散的思考をする必要がある。一方，図1.2（b）に示すように，初めニーズがあり，それに応えるシーズ技術を探してマッチングすることは比較的容易である。というのは，ニーズすなわちマーケットがほぼ確立されているため，必要とするものを開発するだけであり，ただちにビジネスにつながることが担保されているからである。全国の大学教員および研究者の研究内容を網羅し，そのニーズに必要な研究者を探してマッチングを図り，ニーズに集約すればよい。ここでは収束的思考が必要である。ただし大学教員の知見であるシーズはある種の真理の探究あるいは知識の統一を目的として考えられた成果であり，直接商品と結びつかない。マッチングには一定の配慮と別な努力が必要である。

　　〔5〕　**シーズ⇔ニーズに必要な思考は拡散的思考と収束的思考**　　シードからニーズへの展開は，そのシーズが展開できるだろう分野を幅広く見る段階と，多様なニーズの中からどのニーズに収束させるかの思考が必要で，前者が拡散的思考であり，後者が収束的思考である。単にニーズに応えるものをつくることは，関連する多くのシーズをニーズに向かわせる収束的思考だけで済む。拡散的思考と収束的思考については後で詳しく述べる。

　さて，既存デバイスはすでにその目的と機能を持っている。このデバイスを用いた新たな製品展開は，新たな応用先を見つけ出すという意味で立派なシー

ズであり，しかも大学の実験装置で確認された知見に比べ，それはすでに生産ラインで製造されているのである。適切な展開さえできればただちに開花できる。

1.1.2 発想転換における心理的抵抗

〔1〕**構　え**　「既存デバイスからの新製品展開」にはもう一つの困難さがある。それは，これを拒否する人間の心理的作用である。この心理的作用を「構え」という。心理学では「構えとは，ある特定の状況に対して予期し行動の準備状態をとることや，認知や反応の仕方にあらかじめ一定の方向性をもつこと」と定義される。心理ではないが，ハエの目は素早い変化には鋭く反応するものの，変化しない対象には鈍感である。したがって人間の手が捕まえようと接近するとそれに反応し，捕まえることができない。しかし，じっと動かないクモの糸には簡単に捕えられる。ハエではない人間は心理的な構えによって特定の情報をすばやく認知でき，特定の刺激に速く反応できるようになる。しかし，それと裏腹に，構えに合わない情報や刺激には認知や反応が生じにくくなる。マニュアルがなく解が多数存在する「既存デバイスからの新製品展開」は，あらかじめそのために準備できる対象ではない。

〔2〕**構えが効果的な問題と効果的でない問題**　問題解決においてその解決方法が確立した手順として整理されている場合，その手順は解決アルゴリズムと呼ばれる。もともとアルゴリズムとは計算における算法という意味で，「一定の計算の規準を決めるための一連の規則の集まり」を意味する。マニュアルもなければアルゴリズムも存在しない「既存デバイスからの新製品展開」問題に，アルゴリズムの適用はあり得ない。適用できそうであるからと思い込み，既存のアルゴリズムを十分吟味することなく適用することは開発を誤った方向に導く。この「思い込み」が「構え」である。このような構えを「無批判な問題解決アルゴリズムに基づく心の構え」と呼ぶ。

〔3〕**ドゥンカーの「ろうそく問題」における手段の機能的固定**　「既存デバイスからの新製品展開」問題に対する重大な構えの一つは「手段の機能的固定」である。1935年に心理学者ドゥンカーは「ろうそく問題」と題する問題解決実験を行った。この様子を**図1.3**に示す。この実験ではろうそく，マッチ，小箱に入れたビョウを被験者に見せ，壁面にろうそくを灯して立てるように求める。この求めに応える方法は「ビョウで小箱を壁面に固定し，この小箱を燭台として用いる」ということである。小箱を別目的の容器として機能させ，燭台の役割を果たさせることを発見させる問題である。実験結果は，ビョ

6   1. 発想転換の心理学

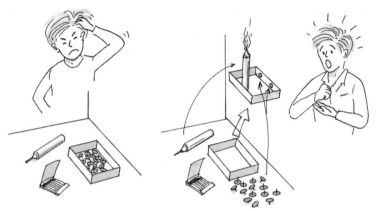

(a) 手段の機能的固定　　　　(b) 構えから解放

「壁面にろうそくを灯して立てよ」に対し，図（a）のようにビョウを箱の中に入れておくと問題が解けないが，図（b）のようにビョウを箱から出してテーブルの上に出しておくと図（b）のように問題解決に至りやすい。

図1.3　ろうそく問題

ウを小箱に入れずに見せた場合，ほとんどの被験者はこの求めに応える方法を容易に発見した。それに比べて，小箱にビョウを入れ，小箱のビョウ収納容器としての本来の機能を見せた場合には，この求めに容易には応じることができなかった。

　この実験結果が示すように，人間は問題場面におかれた対象（＝箱）の本来的あるいは習慣的な機能（＝ものを入れる容器としての機能）を固定してみる心の傾向をもつ。これを手段の機能的固定という。このように機能的固定が問題場面の構造の変換（＝容器としての箱を燭台機能として捉えること）を困難にするのである。

　〔4〕　**手段の機能的固定を解放するために**　　「手段の機能的固定」の例を示した「ろうそく問題」は「既存デバイスからの新製品展開」においてわれわれが陥りやすい心理的問題を見事に示している。また手段の機能固定に陥らないヒントも与えている。ろうそく問題でビョウが小箱に入っている実験では，その小箱はビョウ入れ専用と機能が固定された思考となる。一方，ろうそく，マッチ，小箱から出したビョウとビョウを入れる小箱で見せたことは，それぞれの機能を独立して見せたことになる。このことより既存デバイスから新製品を展開する場合は，そのデバイスを構成する要素や機能に分解してみるほうが，構えから解放されやすいということとなる。

〔5〕 **創造性における個性と多様性** 心を頑(かたく)なにする構えによる課題への無批判なアルゴリズムの適用,および手段の固定化からの解放に導く能力の一つは創造性である。そもそも既存デバイスから展開される新製品は,図1.2に示したようにシーズからニーズへの展開でありゴールは多数存在する。初めから唯一の最適な展開を求めようもない。展開先は多数あって構わない。そこに人間の心の創造性が入り込む余地を与えてくれる。創造性とは「課題の解決に際して,独創的な解法を支える認知活動である。」と定義されている。この定義は独創と認知という二つの概念から構成されているわけだが,独創とは新しい,類例のない,個性的な性格を含む。しかし英語では origin であり「源泉」が本来の意味である。その人間の考えの源泉から湧き出た結果として,それは新しく,類例がなく,個性的なのである。また認知は認識ともいわれ「知ること」という意味である。以上の独創と認知の意味より,「創造性とは,ある人間の考えの源泉から湧き出てきた,新しく,類例がなく,個性的な問題解決の方法のための認知活動である。」と噛み砕いた定義ができる。創造性の結果としてつくられたものは個性を含み,もとより多様である。

1.2 創造性の心理学

1.2.1 創造における思考

〔1〕 **創造性に関わる収束的思考と拡散的思考** 創造性に関わる心理を整理しておく。ギルフォード(Guilford, J. P.)は,創造性を含む知性の構造を「数」を用いて明らかにすることを試みた。認知能力を多面的に測定し,その結果が「数」として得られるようなテストを作成し,その「数」で与えられるデータに因子分析の手法を用いたのである。その結果,創造性に関わる思考は,すでに述べた考え方であるが,図1.4に示すように収束的思考(convergent thinking)と拡散的思考(divergent thinking)に分類できることを示した。これらの思考は,図1.2に示した思考と同じである。

(a) 収束的思考　　(b) 拡散的思考

図1.4 収束的思考と拡散的思考

〔2〕 **収束的思考**　収束的思考とは，唯一の解が存在する問題（このような問題はwell-defined problemと呼ばれる）において，完全に整えられた前提条件から正解を求める思考であり，論理的に唯一の適切な解答に収束・集中させる思考である。適切な数学の問題を解く際に，問題の前提に証明済みの公式を当てはめて解答を求める。また自分の意思を伝える文章を書く場合，マニュアル化された表現法を適切に用いたりするときの思考である。従来の知能検査は収束的思考能力を測定するものであった。大学入試問題はまさにwell-defined problemであることが要請される。解が存在しない問題や解が複数存在する問題を出すと，大変な社会問題になる。「well-defined 大学入試problem」はまさに教科書的であり，ここで独創的な問題をつくろうとすると，教科書の域を超えないか，またwell-defined problem になっているかなど，かなり慎重に精査しなければならない。このような配慮の下で教科書のあちこちに散らばっている知見を活用しなければ解けない問題をつくると，今度は正解率が下がってしまう。日本における大学入試は収束的思考能力を問うているということであり，少なくとも収束的思考能力が高ければ偏差値の高い大学に入学できるだけのことである。

〔3〕 **拡散的思考と創造性に関する思考因子**　拡散的思考とは，与えられた情報から新しい情報を生み出し，問題解決においてその解決法を一つに限らず可能なあらゆる方法へ広げて探るという思考である。まさに「既存デバイスからの新製品展開」のための思考といえる。このような思考では大学入試問題は解けない。ギルフォードは，彼の因子分析の結果から創造性と関連する因子として，ⅰ問題を見出す能力，ⅱ思考の円滑さ，ⅲ思考の柔軟さ，ⅳ思考の独自性，ⅴ再構成する能力，ⅵ工夫する能力の6因子を指摘し，このうち，ⅱ「思考の円滑さ」，ⅲ「思考の柔軟さ」，ⅳ「思考の独自性」は拡散的思考に位置づけられるとしている。これらは心の構えを崩す因子である。

〔4〕 **新たなものを生み出す創造的思考**　創造的思考とは「思考が一定の目的に沿って新たなものを生み出していくこと」と定義される。創造的思考では新たな手段だけではなく，生み出されたものそのもの（products）にまで思考が及ぶ。このとき用いられる知的活動が創造的想像（creative imagination）である。これは言葉でその内容を表現するのではなく，絵や図で表現される。われわれがなにかを生み出すとき，初めにものの図やこと（イベント）の進め方の手順を描く。ものの図はポンチ絵と，ことの進め方の手順はフローチャートと呼んでいる。これは心的イメージをつくり出す働きがある。この働きで単

なる過去の経験を図として再生するのであれば，その図は再生的想像と呼ばれ，特定の目的に沿って再構成される場合は創造的想像と呼ばれる。前者は特定の目標の影響を受けないので空想と呼ばれることもある。創造的想像では，芸術にせよ，文学・科学の領域にせよ，一定の目的に沿って新たなものを生み出す上位の指針があり，心的イメージは既存の記憶の影響を受けながらその指針に向かって再構成される。

1.2.2　創造における心

〔1〕　**仮説形成・検証・伝達による創造性**　　トーランス（Torrance, E. P.）は創造性を「ある種の不足を感知し，それに関する考えまたは仮説を形成し，その仮説を検証し，その結果を人に伝達するプロセスを経て，なにか新しい独創的なものを産み出すこと」と定義している。「ある種の不足を感知する」ことは「こんなものがあればもっとよいのに」と思っている状態である。「仮説を形成する」状態はこの目標を達成，すなわちある製品についてなんらかのアイデアを思い浮かべる状態である。「仮説を検証する」とは「そのアイデアは実現可能とか，製品開発のレベルで検証する場合，それが必要とされるかを検証する作業」である。「その結果を人に伝達する」とは企画書としてそれを整理して同僚，上司にプレゼンテーションすることである。このプロセスにおいて，じつは最も簡単そうで困難なことは，この満ちあふれた時代に「ある種の不足を感知」することである。つぎに困難な課題は「仮説の形成」である。

〔2〕　**創造的思考プロセス—準備期，孵化期，啓示期，検証期**　　ワラス（Wallas, G.）は，創造的思考プロセスを準備期，孵化期，啓示期，検証期の4ステップから構成されていると説いている。解法のわからない問題を長期間温めているとき，突然の啓示を得て発見に至ったと多くの科学者は報告している。ワラスは，トーランスの「ある種の不足を感知」している期間が，さらにその不足を解消する準備期（＝問題解決のための諸情報を検索する期間），孵化期（＝それらの情報に対して，さまざまな角度から合成（synthesis）と破壊を繰り返す期間），啓示期（＝ある合成の仕方が問題解決の道筋を与えることが突然わかる瞬間）に分けられ，検証期で仮説を検証し，その結果を人に伝達できるように客観的な論理構造をつくるとしている。それは「どのように仮説を形成するか？」というトーランスの説明不足を補うものであった。

〔3〕　**創造的思考における心の変容**　　ギルフォードの創造性に関わる思考の分類および創造性の因子は，「どのように創造するか」の道標を与えてくれ

る。拡散的思考は問題場面で創造的な解決方法の糸口を見出す思考であり，必ずしも論理的ではないが，一つに限らないさまざまな解決の可能性を広げて探る思考法であった。この拡散的思考はトーランスやワラスの創造性の段階をさらに具体化したものである。トーランスの創造性における第1ステップの仮説形成では多くの仮説が頭を覆うはずであり，拡散的思考が支配している。またワラスの創造的思考の準備期，孵化期を経て啓示期に至るプロセスは，トーランスにおける仮説形成のステップであり，準備段階では拡散的に思考している。

この拡散的思考の段階では，連想や類推によって関連する各種心的イメージが生産的記憶によって統合され，創造的想像を生み出すとされる。

〔4〕 発想転換のための連合（連想），洞察，情報処理のアプローチ

このような心の変容の分析結果として，人間の創造や発想の転換がどのようになされるか，それを意識して用いることで，創造性の能力が養われ発想の転換を容易に行えるようになる。そのポイントはつぎの3点に整理できる。

① 連合（連想）
② 洞察
③ 情報処理のアプローチ

〔5〕 試行錯誤を通じて刺激（原因）と反応（結果）が適切に連合（連想）するプロセス

心理学者ソーンダイクは実験でネコを容易には脱出できない箱に入れるという問題場面においた。ネコの目標はその箱から脱出することである。ネコは初めて箱に入れられるという心理的な刺激が与えられると，そこから脱出すべくさまざまに反応する。そのうち偶然に問題を解決する状況に至る。このような試行を繰り返すと，箱に入れられるとすぐに脱出できるようになる。ソーンダイクはこのような問題解決プロセスを，「試行錯誤を通じて刺激と反応が適切に連合（連想）するプロセス」と捉えた。この仮説では上述のような迷路問題でよく引用され，過去の経験による「刺激と反応の連合の連鎖や階層構造化」から問題場面での心の変容を説明している。

〔6〕 連合＝連想　連合と連想は同義語でともにその英語はassociationである。「連合は，ある表象，観念，概念などの意識内容がほかの意識内容に付随して起きてくる結合および，反応相互，刺激-反応間の結合」である。この「結合」がどのような原理で起こるかについてはアリストテレスの時代から考えられており，今日，「類似（similarity），対比（contrast），接近

（contiguity）の法則」として知られている。あることを考えているときに，ある対象から別の対象を想起するのは，「両対象が類似しているから」，「対比できるから」とする。あるいはそれらを想起する人が，以前に両対象を時空間的に「接近」して経験していたからであるとする。

〔7〕 **類似＝アナロジー**　類推（analogy）により人間は推論する。ある事象AとBがあり，その両者間に共通する属性などなんらかの類似性があるとき，事象Aの性質は事象Bにも存在するだろうと推論する。例えば，**図1.5**に示すように，原子核と電子からなる原子の構造を考えている人が，太陽系についての既存の知識を持つとする。太陽系と原子との間には，「相対的に重いものと軽いものとから構成されている」「構成物がたがいに引き合っている」といった類似性がある。こうした類似性を基に，太陽系について既知である「重いものの周囲を軽いものが回っている」という性質が原子にもあると推論する。これにより原子核の周囲を電子が回っているのではないかと推論するのが類推である。この例でも明らかなように，類推においては推論の論理的妥当性が保証されないため，結論の真偽は別の手段によって確かめられる必要がある。その結果，伝統的な論理学においては中心的な研究対象とはされてこなかった。しかし，心理学においては新しい知識の発見や獲得に関わるプロセスとして重要視されている。例えば，ドライシュタット（Dreistadt, R.）は科学的発見の場における類推の役割についてさまざまな実例を挙げている。

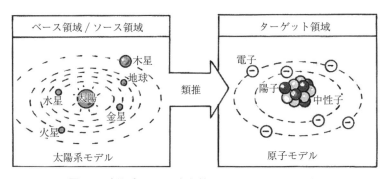

図1.5　太陽系モデルの類似性による原子モデルの類推

〔8〕 **アナロジーにおけるソースとターゲット**　類推の元となる事象（先の例でいえば，太陽系）をベース領域（base domain）またはソース領域（source domain），類推が適用される事象（先の例でいえば，原子）をターゲット領域（target domain）と呼ぶことがあるが，類推には少なくとも適切なベース領域を見つけ出す検索プロセスと，ベース領域とターゲット領域とを

対応づけ，前者から後者へと適切な要素を写す写像プロセスとが含まれる。こうしたプロセスに影響する要因として，二つの領域間の表面的な類似性（surface similarity）や構造的な類似性（structural similarity）などが考えられている。

〔9〕 **問題構造の再構造化・再体制化＝洞察**　洞察はゲシュタルト心理学者であるケーラーによるものである。イヌが目の前の金網の向こう側にある餌を取ろうとする。イヌはすぐに餌からいったん遠ざかり金網を迂回する。これらの観察から，こうした問題場面においてイヌは，ソーンダイクの実験におけるネコのように試行錯誤を繰り返すというよりは，場面の構造（目の前の金網を迂回する経路の存在）を見通す突然の洞察によって問題を解決していると考えた。類人猿が天井からつるされたバナナを取る実験でも，同じような結果を得た。被験体は無為な試行錯誤を繰り返すのではなく，過去の経験やその場のさまざまな状況を統合して，あたかもあらかじめ解決の見通しを立てていたかのような行動をとったのである。これは，問題の初期状況において把握された構造が，一定の目的に沿って再構造化・再体制化された結果だと見なされた。このような問題解決のプロセスを洞察（insight）と呼ぶ。この問題解決のプロセスにおいて，ある特定のステップのみが決定的かつ困難であり，そこさえクリアできれば，全体が解決されてしまう。このようなステップをクリアすることが洞察であり，クリアする瞬間にアハー体験が生じる。アハー体験（aha experience）とは突然に問題の解決を得て「ワー，Aha（英語）」と声を出すほどに感動する体験をいう。

〔10〕 **中心転換**　この洞察を構成する最も重要なメカニズムが「問題状況の中心転換（re-centering）」である。与えられたある問題を構成している枠組，構造を別の構造として違った見方に切り替えることである。このような，視点の切替えを場の再構造化（re-structurization）という。例えば，**図1.6**に示すように平行四辺形の面積の算出法として突出部を切って不足部に移行する

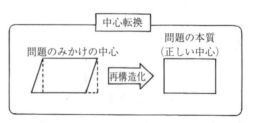

図1.6　平行四辺形の面積の算出における中心転換

ことで長方形の面積に変換する場合が挙げられる。この再構造化は，問題への接近方法，視点，場面を説明する概念である。基礎とする原理などを変更することによってもたらされる。こうした思考の方向の変更は，中心をはずした見方から，問題の本質，正しい中心への移行であるため，中心転換という。

〔11〕 **情報処理のアプローチ**　情報処理のアプローチでは，問題解決を初期状態から最終的な解決状態への問題状態（problem state）の遷移として捉えられる。問題を，現在ある問題状態からつぎの状態へ遷移するために，どのような方略やプランまたアルゴリズムやヒューリスティクスを用いるかを考えるもので，ゲームのような比較的 well-defined problem を解くためのアプローチである。この代表例は**図 1.7** に示すハノイの塔問題である。この問題は 1 枚の板の上に 3 本の棒を並べて立てておき，その 1 本の棒に穴があいた大きさの異なる n 枚の円盤を，半径が大きいものが下に，小さいものが上に順に積み上げられた状態から，別の棒で同じ状態になるように円盤を移動させる問題である。この問題は数学的アルゴリズム問題である。

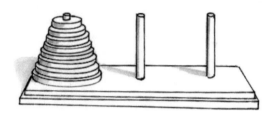

図 1.7　ハノイの塔問題

〔12〕 **ヒューリスティクス**　情報処理的アプローチにおけるヒューリスティクスは heuristic ＝発見的方法と呼ばれ，整っていない問題 — ill-defined problem における一つの解決方法である。この方法は既存のものを記憶の中から探し出し単に再生する再生産的思考（reproductive thinking）だけのものではない。ヒューリスティクスにはさまざまな方法がある。幾何の証明問題などでしばしば用いられる「後ろ向きの解決法」では，目標となる最終状態から 1 ステップずつ前の状態をたどっていく。「目的分析法」では現在の状態と最終状態との差を縮めることを最優先して問題状態を変えていく。「プランニング」では複雑な問題をより単純な問題に抽象化し，解決の筋道を立てようとする。

1.3 創造性トレーニング行動指針

1.3.1 創造的思考プロセスのどこにいるかを判断する

〔1〕 **五里霧中の状態にある発明家の道標** 1.1節では既存デバイスからの新製品展開の困難さや，その原因となる心理的「構え」について述べた。1.2節では過去の心理学の研究成果としての創造的知的活動における心の段階や，発想転換に必要な心の持ちようについて説明した。これらは物理学のように確立された体系とはいえない。しかし，新しさを求めて五里霧中の状態にある発明家の卵にとって，これらの心理学は道標となる。以上の心理学を既存デバイスから新製品展開する行動指針としてまとめてみよう。創造性とは，1.1.2項に定義したように「ある人間の考えの源泉から湧き出てきた，新しく，類例がなく，個性的な問題解決の方法のための認知活動」であった。創造性は個性的であり，創造のプロセスを一つのアルゴリズムとしてまとめ上げることはできない。もちろん，創造性を発揮させる道具として人工知能やTRIZ手法を否定するつもりはない。最近の人工知能は将棋の名人にも勝つことがあるし，大学入試問題もかなりの高得点で解くことができる。しかし，創造性を駆使することは知的生命体としての人間に与えられた特権である。以下に述べる創造性トレーニング行動指針は五里霧中の状態にある人間発明家の指針である。

〔2〕 **いま貴方はどこに立っているか** 新しい独創的なものを産み出すことは心理的ストレスと苦痛を伴う。まだ誰もいない未開の地平に立ち孤独である。この苦痛と孤独感を若干でも解消する方法は，創造のプロセスにおける自分の立ち位置の確認である。なにか新しい独創的なものを産み出すためのプロセスについて，トーランスは1.2.2項で述べたように「ある種の不足を感知し，それに関する考えまたは仮説を形成しつつ，その仮説を検証し，その結果を人に伝達するプロセスがある」と整理した。じつは既存デバイスから新製品に展開しようとするほとんどの発明家の卵や研究者あるいは開発者は「ある種の不足を感知する」ことができないでいる。したがって，そこには創造のストレスや苦しみすらない。これが最大の問題である。あるのは社長から「わが社の製造ラインを使い短時間で効果的な商品を開発せよ」という業務命令からくるストレスだけである。「ある種の不足を感知する」ことについては次項で述べる。以下，強力にある種の不足を感知して強いストレス下にあるとして，ワラスの4ステップ詳細分類「準備期」，「孵化期」，「啓示期」，「検証期」のどこ

に貴方は立っているかを確認しよう。

〔3〕 立ち位置の確認と行動

① 図1.8に示すように，新たなものを生み出すために必要と考えられるなにかを探りあてようとさまざまな情報を検索し苦しんでいるとすれば，貴方は「準備期」にある。いずれつぎのステップに移行できるからイライラせず根気よく検索し，その結果を整理しておくことだ。

② 整理された情報をさまざまな角度からみて，ある目的を想定して組み合わせ，その目的を実現するイメージをつくる。

図1.8 準備期

初めは漠然としていて，「これはいけそうだ」と思いイメージに目鼻をつけて具体化すると「これはちょっと違うな」という壁にぶつかるであろう。これを壊してまたちょっと違う目的を設定してつくり直す。しかしなかなかぴったりくるものができないとすれば，貴方は「孵化期」にある。いずれつぎのステップに移行できるからイライラせず根気よくつくっては壊し，つくっては壊してみることだ。

〔4〕 エウレカと収束的論理思考の立ち位置

③ 集めた情報とある適切な目的とがぴったりくる。そして新たなものを生み出す道筋が突然見える。問題が再構造化・再体制化され洞察されたのである。あるいは中心転換がうまくなされたのである。貴方は「啓示期」に至った。これは神が与えた啓示ではなく，自身の脳の中で回路が構成された瞬間である。アルキメデスはさまざまな明言を残したといわれる。図1.9に示すように，彼が「準備期」と「孵化期」で苦しんでいたある日，風呂に入ったところ水が湯船からあふれるのを見たその瞬間，いわゆるアルキメデスの原理を発見したといわれる。このとき思わず叫んだ言葉がエウレカ（εύρηκα）「わかったぞ！」である。この体験を英語ではアハー体験と呼んだ。「準備期」と

図1.9 啓示期

「孵化期」の苦しみはこのアハー体験のためにあるようなものだ。これで終わりではない。つぎにもう一つ楽しいステップが残されている。

④ エウレカの段階のメモはおそらく他人にはわからないであろうし，風呂でのぼせたための思い違いかもしれない。その内容を君も含めて誰にでもわかるように論理的に記述して，その正しさを検証するステップが必要と

なる。論理的検証で正しさが確認できれば，新たなものを生み出すことができたということとなる。これが「検証期」のステップである。頭脳が最も明晰に働き，楽しい仕事である。

〔5〕 **プレゼンテーション**　以上はワラスの4ステップであり，トーランスは最後に「結果を人に伝達するプロセス」があるとしている。

⑤　ワラスの4ステップで検証された結果は，わかりやすく工夫したプレゼンテーション資料としてまとめる。もはやできあがっているので，ここで手を抜いてはいけない。他人は皆素人で，中身はわかっていない。わかっていないことを前提に，エウレカの中身を設計しなければならない。

以上のステップにおいて①〜③では拡散的に思考されなければならない。④と⑤は収束的に思考されなければならない。

1.3.2　ある種の不足を感知しているか

〔1〕 **満ち足りた状況に不足は感知できない**　満ち足りてなんでも手に入るこの時代に「ある種の不足を感知し」そこに「問題を見出す」ことは容易ではない。鉱石ラジオをつくり真空管を経験し，トランジスタ，IC，LSIを経験したエンジニアは，若いエンジニアのことを気の毒に思っている。また，1週間ごとに15分の時間だけ使用することを許された8kワードの大型コンピュータを使って計算した結果で学位論文を書いた研究者にとっても，思いは同じである。既存デバイスからの新製品展開で最も困難な課題がこの「不足の感知」あるいはギルフォードの「問題を見出す能力」である。これは多くを経験するしかない。引退したエンジニア，現場の人間，さらには彼らに接する機会の多い営業マンのほうが「既存デバイスの新規活用」において若いエンジニアよりはるかにアイデアを持っている。これは，彼らはここに至る間に多くの問題に遭遇し，あるいは客先から相談を受け，そのまま未解決にしている問題・課題を抱えており，いつか解決したいとストレスを抱えているからである。着地点を多く抱えているのである。とはいえ，この着地点は個別的経験に基づくもので偏りがあり，よほど本質的未解決問題でない限り，別な方法で解決されているかもしれない。ではどうしたらよいであろうか。二つの側面から考え進めよう。

〔2〕 **ドラえもんの道具**　「ある種の不足を感知している」ためには，思い切ったスーパーな像を描いてみることである。ドラえもんの道具と同じようなものを考えるということである。かりにドラえもんのある道具が一つ存在しているとし，現在自分自身がその道具を使えない状況であると想定すれば，不

足を感じることができるであろう。ドラえもんの道具は作者の空想から生まれたものであり，その合理的実現可能性は検討されていない。空想や物理的原理に適わぬものは論外であるが，思考遊戯として，これはこれとして面白い。テレビやゲームに夢中になり脳が活性化していることの価値は否定しないが，このような思考遊戯による脳の活性化の価値も否定されないし，ここには理系的な文化の香りがする。しかし，本書の既存デバイスからの新製品展開というきわめて現実的課題においては，このアプローチは飛びすぎている。

〔3〕 **日常性からの脱却**　もう少し現実的な「問題を見出す能力」を磨くためのアプローチを考えよう。これは上述のドラえもんの道具を考えるのではなく，それとはまったく逆に，ハンディキャップを想定することである。五体満足な満ち足りた体の機能が欠落するという状況を想定することであり，平和な街が突然災害に襲われるということを想定することである。すなわち「日常性からの脱却」である。本編の初めに「なにもなかったように流れているわれわれの日常生活の中で，不足を掘り起こし，それを充足するアイデアを出すことは人々に大きな益を与える。企業家的にいえば，目の前の日常性の中で気づかれないまま「アイデア」＝「何億円の札束」がただ流れているのである。」と述べたが，まさに，満ち足りた現状に臨場感のあるハンディキャップを設定することで，「目の前の日常性の中で気づかれないまま」流れているものを不足するものの視点からみることができる。おそらくこのアプローチに対し，それはハンディキャップ分を補う発明しか生まれないのではないかと批判されるであろう。答はイエスでありノーである。「イエス」についていえば，ハンディキャップ分を補える発明は，まさにハンディキャップを持つ人にとって福音となり価値がある。現在，自分は健常であるという人でも，いつかは加齢に伴い身体機能が衰え，そのハンディキャップを補ってくれるのであれば，そこでも福音になる。災害への備えも想定できるのである。「ノー」についていえば，そのような状況に置かれ初めて見えることがある。**図 1.10** に示すように風呂場で頭を洗う場合，似たような二本の容器にシャンプーとヘアコンディショナーが入っている。目にシャンプーがしみ込み目があけられない状況は，目が見えないというハンディキャップ状態にあり，コンディショナーかシャンプーかを探すのは厄介である。メーカーはキャップに点字もどきの突起をつけ，あるいは上下を逆におくような発明をしている。また自動車の運転中は前方に注意しなければならないため，自動車エアコン，カーナビ，AV 機器の操作に目をやってはいけない。手探りで，あるいは手が届きやすい適切な場所に

18   1. 発想転換の心理学

図 1.10 目が開けられない状態
におかれている

これらを配置する必要がある。健常者でもこのような状況に追い込まれることがあるのである。災害はそれ自体辛く悲しいことである。しかし少しでも救いになるのは，それを教訓にする新たな発明のヒントを与えることである。これは日常性の中ではなかなか気づかない。

　そのために非日常性を経験することである。つくられたものを使うだけでなく，それをつくる工場をみること，災害があったときにボランティアに参加する，身近な老人や病人を介護する，安全性を確保したサバイバルを経験するなどいくらでもある。これらの経験だけでなく，臨場感のある疑似経験をすることである。

　このような非日常性は「日常性の中で気づかれないまま」流れていることから中心転換のきっかけを与える。そこで得られる問題の所在のヒントはもちろん，非日常性のためのものであるが，それを日常性に再転換できるのである。

　〔4〕　**大幅なコストカッティング要求**　　日本を代表する企業家，経営者が協力会社にコストカッティングを依頼した。そのとき数パーセントではなく大幅なカッティング 50％を依頼し，その見返りとして長期的で大量の注文を約束した。これは協力会社への日常性からの脱却を要請したのである。例えば 5％であれば，従来の製造方法をベースにチマチマした改善でしのごうとするであろう。50％ともなれば，従来の方法では対応できない。抜本的に考え直さなければならない。工場や生産方式の再構造化・再体制化が必須となる。けっきょくこれは成功したという。まさに経営者は協力会社の創造性を信頼して，協力会社は苦しみ抜いて新たな発想の工場を立ち上げたのである。

1.3.3　構えていないか

〔1〕　**心理的構えは想定内状況では大きな助け，しかし想定外状況では邪魔**
　1.1.2 項において心理的抵抗である「構え」を，「構えとは，ある特定の状

況に対して予期し行動の準備状態をとることや，認知や反応の仕方にあらかじめ一定の方向性をもつこと」と定義した．われわれの日常生活の中で，この心の構えの特性がないと，ことはスムーズには進まないであろう．日常生活でつぎつぎと「ある特定の状況」が現れる．それに対して「つぎを予期して行動の準備状態に入らないと」つかえてしまう．制御でいうとフィードフォワード制御と呼ばれる制御方式である．これは人間のある種の防御本能に根差す．われわれの日常生活は構えっぱなしでいなければならないのである．このことが日常生活の中に問題を発見することを困難にしているのである．もう一つ高度に知的な誤った構えとして「無批判な問題解決アルゴリズムに基づく心の構え」があった．ある問題解決のアルゴリズムの本質を見ないまま，思い込みで使ってしまう構えである．大学入試問題を採点していると，短時間で多くの問題にチャレンジしなければならないせいもあろうが，このような構えによる過ちをよく目にする．逆に，全問に対して正しく構えができていて，全問正解という受験生もいる．正解が存在し，その解法のアルゴリズムが存在する問題において素早く正しく構える能力は，受験のような状況では優れた能力である．しかし，経験のない，したがって予期できない状況-想定外の状況，例えば問題を見出す状況では，その能力の使い方は限定される．というよりむしろ邪魔になる．前項で述べた日常性からの脱却はこの構えを捨てることである．

〔2〕 **構えを捨てる方法「分解」**　1.1.2項で紹介したドゥンカーの「ろうそく問題」は構えを解放する大きなヒントを与える．これは「ろうそく，マッチ，小箱に入れたビョウを被験者に見せ，壁面にろうそくを灯して立てる」問題である．ケース1は「小箱にビョウを入れ，小箱の容器としての本来の機能を見せた場合」，ケース2は「ビョウを小箱に入れずに見せた場合」であり，ケース2のほうが容易にこの問題を解決したということである．ケース1では手段の機能が固定化され，ケース2ではその固定化が解放されたということであった．日常的には，ケース1のようにビョウをそのまま置いておくと手足に刺さり危険なため小箱に入れておく．したがって日常的にはケース2の状況をつくらない．この例はまさに日常性からの脱却である．そしてここで行われた行為は「分解」である．この分解により個々の要素が持つ基本機能を再認識するのである．小箱はビョウを入れるだけの機能からろうそくを立たせる容器として，すなわち収納機能として一般化して理解したのである．「既存デバイスからの新製品展開」における既存デバイスからくる構えを強制的に排除する方法の一つは「分解」である．これは，じつは既存デバイスはなんであっ

たかを知ることであり，無批判な問題解決アルゴリズムに基づく心の構えによる過ちを避ける手段である．分解し同じ目的で再構成するとき，ある状況では別のより最適な構成法が発見できるかもしれない．あるいは元の構成がいかに優れているかを知り，先人の知恵に感動するかもしれない．分解されたものだけで別な目的のものをつくり直すことは限られるが，なにか新たなものをつけ加えることで新たな目的のものが再構築できるであろう．

　ハイブリッドカーを分解して再構築すれば移動を目的とする以外の多くのものがつくれる．分解のレベルによりさまざまだが，例えばエンジンはそのまま使うとすれば自家発電機は容易につくれる．自転車も同じである．簡単な羽と発電機で水力・風力発電が可能であろう．

　〔3〕**視点を移す―中心転換**　大学院に入学したてのころ，指導教授が，二本か三本のマッチ棒をさまざまに並べ，「この並べ方が数値を表すとするトポロジーの問題だ」という．初めもっともらしく並べ，「これが1だ」，またちょっと変え「2だ」，といくつかの並べ方を示し，「この並べ方からルールを抽出し10までの数値を当てろ」というゲームの洗礼を受けた．周りの諸先輩は「フム，フム」といいながら納得した風をみせる．私の眼はマッチ棒にくぎづけとなりトポロジカルなルールの抽出に必死になって，指導教授の指には目がいかなかった．一列に並べ，「これは？」と聞く．1と答える．正解．二本並列に並べる．「これは？」と聞く．2と答える．正解．つぎに十字に並べる．「これは？」と聞く．10と答える．不正解．ここから不正解の連続である．「マッチ棒のなす角度が」と先輩はつぶやく．何度か正解は出してくれるが，ほとんど不正解である．不正解が続くとますますマッチ棒の配置や角度に目がいくのである．じつは意地悪なゲームであり，マッチ棒を動かす右手の指が1本であったり，2本であったりし，左手の指も本数を出していたのである．その指の本数の合計が答である．われわれがものを見るときに指導教授という権威あるいはトポロジーという学術的権威の前で，また常識という証明されない権威の前で，ものが見えなくなっていたのである．ある工場で，装置のコントローラの係数をこの20年調整していないという．うまく調整すれば，効率が上がり無駄が減るかもしれない．なぜの質問に，「このコントローラは現在常務である偉い方が，若いころ考え抜いて調整したものなので，われわれはいじれない」という回答であった．20年の間に，装置自体の特性が変わっているはずである．しかし私はそこで質問を止めた．

　権威で彼がつくったものを分解しなくても，われわれは意識することで思考

の中で，分解したり視点を移すことができる．これが1.2.2項〔10〕で述べた中心転換である．図1.6では幾何学の補助線の例を示した．上述の装置のコントローラの例だけではなく，多くの機械や電子回路あるいはデバイスの中にはなんら必然性はないのだが，そのような構造や回路や構成にしても問題にならなかったので，合理性のないまま継続されているものが意外と多い．技術が無批判に継承されている．いったん，継承され数世代続くとそれが常識となりあるいは神話となる．自らの思考の中身は発表しない限り誰にも見えない．頭の中で中心転換を図り，思いっきり分解して眺めなおして批判してみることだ．実際の高価で精密で元に戻せないものを分解する必要はない．脳の中で分解し批判し，再構築しその結果，自らの考えが妥当であると確信したら簡単な実験で確認し，それを顕在化すればよい．

1.3.4　再　構　築
〔1〕　**分解から目的をもって合成へ**　構えから解放される行為の一つは「分解」であった．分解されたままであればゴミとして捨てるときその容積が減る効果しかない．分解しその基本要素の中身がわかり，これらを新たな目的に向かって再構築し価値を生み出さなければならない．新たな目的を見つけ出すことは1.2.2項に述べた不足を感知することが基本だが，ともかく目的をつくり出さなければならない．目的なしに再構築してもそれは空想に過ぎない．ヒントは1.2.2項〔6〕で述べた「連想」である．心理学において，連想は「ある表象，観念，概念などの意識内容がほかの意識内容に付随して起きてくる結合および，反応相互，刺激-反応間の結合」であり，結合は「類似，対比，接近」がなされたとしている．

〔2〕　**接　近**　心理学では空間的近接により連想が生まれるといっている．分解したものから目的をつくり合成するという観点では，空間的接近より構造的接近あるいは機能的接近から連想するほうが現実的である．構造的接近はしばしば機能的接近をもたらし，構造的接近だけで連想するだけでもいいかもしれない．要するに構造的に似ていることから連想するのである．ただし，この構造は幾何学的な形状的な接近と，現象論的な接近が考えられる．後者は類似と呼んだほうが適切である．いまピラミッドの建造を考えよう．ナイル川のしっかりした岩盤の船着き場から数100メートルの場所につくる場合，ナイル川の河川運行で運んできた大きな石をコロに乗せて移動させる．ピラミッドが立ち上がると巨石は簡単には持ち上がらない．そこでスロープをつくりス

ロープの上にコロを並べ押し上げる。高くなればスロープを長くするか角度を上げればよい。このようにスロープを調整しながら最後の頂上の石が運び上げられる。つぎに船着き場から数10メートルの場所に頂点があるピラミッドをつくりたい。船着き場から長いスロープはつくれない。この狭い空間でピラミッドを建造するという問題を設定する。特定の目的が定まり，さまざまな創造的想像という連想が可能になる。**図1.11**に示すようにスロープは幾何学的には三角形である。三角形を紙に書き円柱に巻いてみる。一見すると別の構造になるがこれはもともと三角形でありスロープの性質は維持されている。ピラミッドの最上部の石から鉛直線を下し，この線を円柱の中心線と考え，紙の厚さではなく重い荷物を押し上げる道幅を考えればよい。初め最低面の石組を並べ，道が頂上に到達できるまで何回三角形を巻きつけるかを計算し，ピラミッド底部の周辺から頂上めがけできあがる予定のピラミッドを包むように円錐状あるいは四角錐状にスロープを巻きつければよい。かくして円錐状の場合にはバベルの塔のような，四角錐状の場合にはまさにピラミッドのようなスロープができる。頂点に石を置いたら，上からこのスロープを崩していけばよい。この事例は直接的には構造が接近しているとはいえないが，展開すると同じ構造になる。ピラミッドはおそらくこんな工夫でつくられたのであろう。この発想と同じ発想でネジが考えられる。つぎに類推について考えよう。

図1.11　ピラミッドに巻きつく三角形

〔3〕 **類推＝アナロジー**　類推＝アナロジーにおいては，類推を誘発させるベース領域と類推されるターゲット領域がある。ベース領域の中に既存デバイスがある。ここから目的としてのターゲット領域の中身を考え出すこととなる。ベース領域にある既存デバイスの機能と原理の観点からターゲット領域の中身を連想する。機能からは中身を詳しく知る必要のない営業マン的な連想であり，原理からは中身について知っている開発者の連想と違ってかまわない。

1.3.5　むすびに―失敗を恐れず繰り返しています―

最後に，努力を継続できる能力に勝る才能はない。この能力も努力によって培うことができる。ソーンダイクの箱に閉じ込められたネコですら何度も箱か

らの脱出を試み，さまざまに反応した後，最後には成功する。そして，いったん成功すると，その後は箱に入れられたとしてもすぐに脱出できるようになる。ソーンダイクはこのプロセスを，「試行錯誤を通じて刺激と反応が適切に連合するプロセス」と捉えた。ネコでも試行錯誤を繰り返せば成果が上げられる。ましていわんや人間をや。ほとんどの才人の仕事は努力の結果である。特に 1.3.1 項で述べた創造の苦しい立ち位置の「準備期」，「孵化期」にいる開発者は耐え難い。失敗の連続であろう。ここでの万能薬はない。自ら励ますしかない。そのためにこのような状況における励ましの多くの諺がある。

「経験とは，皆が失敗につける名前のことだ。（オスカー・ワイルド）」

「ミスをしない人間は，なにもしない人間だけだ。（セオドア・ルーズベルト）」

「失敗するのは，求め方が十分でなかったからだ。求め続けることだ。（ウォレス・D・ワトルズ）」

「わたしは，いままでに，一度も失敗をしたことがない。電球が光らないという発見を，いままで二万回したのだ。（トーマス・エジソン，図 1.12）」

図 1.12　トーマス・エジソン

「私たちの最大の弱点は諦めることにある。成功するのに最も確実な方法は，つねにもう一回だけ試みることだ。（トーマス・エジソン）」

「成功は，その結果で測るものではなく，それに費やした努力で測るものである。（トーマス・エジソン）」

「ほとんどすべての人は，もうこれ以上アイデアを考えるのは不可能だというところまで行きつき，そこでやる気をなくしてしまう。いよいよこれからだというのに。（トーマス・エジソン）」

「私は頭がよいわけではない。ただ人よりも長い時間，問題と向き合うようにしているだけである。（アルベルト・アインシュタイン，図 1.13）」

「想像力は，知識よりも大切だ。知識には限界がある。想像力は世界を包み込む。（アルベルト・アインシュタイン）」

「重要なことは，疑問を止めないことである。探究心は，それ自身に存在の意味を持っている。（アルベルト・アインシュタイン）」

図 1.13　アルベルト・アインシュタイン

2 創造性トレーニング

本章の執筆を担当した城井は，自動車会社で自動車という裾野の広いものづくりにおいてデザイン開発，商品開発という業務に携わり，その中で創造性に関わる数々の知見を学んだ。その後，商品開発の会社を設立し自動車に限らず化粧品，食品に至るまで，「自分の専門分野を超えたさまざまなものづくり」に関わってきた。そうした企画・開発業務を通じて創造性を発揮させる城井流の手法を徐々に構築することができ，その手法が「ものづくりの次代を担う若い人達」に少しでも役立てばと思っている。従来インテリジェンス（脳力）はIQ（intelligence quotient）という尺度で測ってきたが，創造性育成を考えたとき，これからはCQ（creation quotient）という「多様なる創造性発揮」に重きを置いた尺度で脳力を評価すべきであると考える。この創造性トレーニングでは目先の知識やノウハウを学ぶことから決別し，創造性発揮を阻害する根本的な要因を体質レベルから排除させるとともに，創造性発揮に適した「創造体質化」を目指さなければならない。「創造体質」に改質することで生涯にわたり多方面での創造性の発揮が可能となり，クリエイティブで豊かな人生を楽しめる。

2.1 創造体質改質に向けて

2.1.1 「self-OS」構築が改質のカギ

〔1〕 **創脳をマネージメントする「self-OS」** 「創造体質」を培ううえで，自分の脳（身体を含む）をつねに最適環境に維持し，さらなる創造性を発揮させるべくマネージメントしていくには，**図2.1**のように自分固有の「self-OS」という概念のOS（基本ソフト）構築が要件となる。パソコンの脳（CPU）を「電脳」とすれば，人間の脳は創造性に長けた「創脳」である。パソコンは基本ソフト（OS）がないとアプリケーションソフトを起動できないように人間の「創脳」にも個々人の特性に適した「創脳向け基本ソフト」を構築することで，さまざまなアプリケーション（さまざまなものづくり）において創造性を効率よくマネージメントし発揮させることが可能となる。パソコンと違い，生物としての人間は生理

自分自身で構築したself-OSをインストールしたい

図2.1 創造のためのself-OS

的，心理的なコンディションに大きく左右され，「創造体質」を最適に維持するにはこの「self-OS」によるオペレーションによるところが大きい。パソコンの基本ソフトにもウインドウズやマッキントシュがあるが，マッキントシュのほうが概してアーティスト系に好まれているように，基本ソフトにもメーカー固有のカラーがある。「self-OS」も個々人の特性を生かすことで「自分というブランド（個性）」を表出することができる。因みに，学校教育とは個々人の特性に適した「self-OS」を構築していく「創育の場」として捉えられる。

〔2〕 **「self-OS」のエンジンは「起想力」**　ものづくりにおいて，まずはつくりあげたいもののイメージを明確に想起する力を培うことが重要である。なにをつくりたいのか，なにをつくろうとするのか，そのイメージを掘り起こし，明確にさせるのが「起想力」である。「起想力」こそが，創造性を発揮させるエンジンとなる。「self-OS」はこの「起想力」をマネジメントし，創造行為のプロセス全体を統合して強力に創造を牽引していく役割を果たすのである。想起するイメージが明確であればあるほど望ましいが，イメージが最初からパーフェクトであることはなく，何度も試行することで徐々にそのイメージが明確となる。当初，イメージが曖昧，不完全であっても恐れることはない。まずはイメージの明確化に向けた試行に果敢に挑戦することだ。

2.1.2　「self-OS」構築に向けて

〔1〕 **unlearn（知識の実識化）**　unlearnを辞書で引くと「無学」という意味だが，じつはもっと意味が深く，learn（学ぶ）に対し，「学びほぐす」とか「白紙に戻す」という意味がある。あのヘレンケラーは「型通りにセーターを編み，ほどいて元の毛糸に戻して自分の体形に合わせて編み直す」という意味でこの「unlearn」という言葉を用い，広く世に知られるようなった。「self-OS」構築という視点でこの「unlearn」を捉えると，いままでの学び方，考え，行動パターン，やり方をいったん白紙に戻し新たな観点で取り組むという姿勢になる。まさに1章で述べた発想転換の心理学が必要となる。他人からの受け売りで，ただ取り込んだままの多くの知識ではなく，自らもみほぐし使える知識である「実識」に変えていくように努めたい。知識の蓄積は創造行為において，ときとしてそれらの知識に固執するがゆえに創造性を阻む危険性がある。これは知識の呪縛といえる。取り込んだ知識量を誇る人も多いが，その知識を自己消化し使える「実識」に変えているかを誇りたい。

〔2〕 **フィールドサーベイによる実識化**　企画・開発しようとする製品が，市場ではどのように使われているか，カスタマイズされているかなど，実際の使用現場に出向き自分の眼で現況を確かめ，使用者の期待，不満などの意見を積極的に聞きたい。こうしたフィールドサーベイは「self-OS」を構築するうえでも「実識」を取り込む手法として有効であり，このような「実識」は創造性を起動させるうえでの推進剤としての役割を果たす。要はニーズされる現況の場を知らずしてニーズに応えた製品はつくれないということだ。

〔3〕 **「不」を感知するセンサを鍛えよ**　不便，不都合，不正，不均衡，不潔，不合理，不条理，不始末，不快など「不」から始まる言葉が多く，「不」の状態を表す言い回しは多い。世の中の技術進化は人々の暮らしにおけるそうした「不の解消」のためにあるといえよう。「不は創造の種」，「不の除去は創造」，「不を正に変えるのは創造」とも捉えられる。しかるに，日常生活で見逃している「不」を鋭敏に感知する「不」感知センサを「self-OS」に取り込むことは必須要件といえよう。これは1.2.2項で紹介したトーランスの創造性の第1ステップである「ある種の不足の感知」の考え方に符合している。もし「不」に慣れ，鈍感であれば，そこには創造性を育む土壌がまったく存在しないことを警告したい。「不」の一例として宅配便の料金システムがある。宅配便を使うとき，板状の薄い荷物は体積が少ないのに送料が異常に高いのに気づく。宅配便は荷物の縦，横，高さの合計寸法（総和）で料金体系が決められている（地域別はそれをベースに加算させる）。この方式はシンプルな料金体系でわかりやすく，一見，理に適ったように思われるが，じつはこの料金体系は大きな「不」を内包している。荷物の各辺の総和という料金体系は，荷物の体積比という視点からすればいかに不公平なシステムかということがわかる。

例えば，各辺の総和が同じ 100 cm の荷物で比較すると

$1\,\text{cm} + 10\,\text{cm} + 89\,\text{cm} = 100\,\text{cm}$ の体積は $890\,\text{cm}^3$

$33\,\text{cm} + 33\,\text{cm} + 34\,\text{cm} = 100\,\text{cm}$ の体積は $37\,026\,\text{cm}^3$

上記の数値が示すように薄べったい荷物とほぼ立方体とではなんと41.6倍もの体積差があり，運搬できる量はトラックの容積で決まるとすればこの料金体系の「不」を露呈している。つまり，現行の料金体系ではなるべく立方体の荷物を送るのが，お得だということになる。体積差を考慮した料金体系に改正すればこうした不公平を生じることはない。

自動車開発を「不」という視点で見ると乗用車と商用車との不均衡な開発に

気づく。どの自動車メーカーも乗用車の開発には莫大な開発費を投入し，乗用車は著しい進化を遂げているのに対し，商用車は革新的な進化はなく，両車の進化には著しい差を呈している。**図 2.2** のように欧州のゴミ回収車はフロントキャビンが乗り合いバスのように超低床になっており，乗員の頻繁な乗降が非常に楽で使い手にやさしい設計になっている。一方，日本のゴミ回収車は既存のトラックのシャーシをゴミ回収車に架装しただけのもので，働く人への気づかいがきわめて希薄である。商用車のほうがプロの使うクルマとして，それぞれの用途に向けてプラットフォームから根本的に開発することが求められる。その意味でも商用

図 2.2 欧州のゴミ回収車は超低床で乗員に楽で使い手にやさしい

車の「不」は山積されており，創造性発揮には優れた対象素材である。「不」を検知するセンサをなによりも磨き，「不」に対し誰よりも鋭敏でありたい。

〔4〕 **見力（被写界深度を高めた眼力）**　モノゴトを表層的に見ているだけではそこからはなにも得られない。創造性を培ううえでモノゴトの奥の奥まで視線を潜り込ませ，そこに潜む因子を探り出せる「見力」が武器となる。カメラでいう被写界深度は，写真の焦点が合っているように見える被写体側の距離の許容範囲をいうが，要は被写界深度を高めたスキャニングで被写体の前後にある表層因子，深層因子を逃さず読み取れるかがカギとなる。例えばエンジンのシリンダ内部でなにが起こっているかを知りたいと思う。外から眺めているだけでは，放熱板が見える程度である。いま自分が小人になりシリンダ内部に入り込んだと想定しよう。ガソリンと空気の混合体の中でピストンが天井から押し寄せてくる。潰されかかった場所までピストンが下がった途端にプラグから電気放電が起こり燃料に着火して爆発する。そしてピストンが上がるとともに燃えカスのガスは排気される。この圧力は凄まじく，温度もすごいであろう。こう考えるとシリンダの内部でなにが起こっているかが身をもって知覚できる。ここから，例えばネットでエンジン内部の圧力を調べると，改めてエンジンはすごい機械であると臨場感を持って感じとることができる。これが見力でものを観る例である。

〔5〕 **因子分析力（関係性を紐解く力）**　モノゴトの成立している状況，状態の因子を見定め，それらの複雑に絡み合う関係性を解きほぐし，その全体像（フレーム）を明らかにする能力を因子分析力という。絵画を学び，オリジナルの絵を目指そうとする人は，基礎デッサンや有名なアーティストの模写を

行う.特に油絵の模写の際,オリジナルの絵を自分の眼でどれだけ因子分析できるかで模写の出来が決まってくる.因子分析が不完全であれば模写した絵も相応の出来に留まる.ニュートンの運動の法則は(力)=(質量)×(加速度)であり,数式では $f=ma$ である.そのように覚えているであろう.この関係は複雑に動くものの運動をつぶさに観測し考えて,一つの小さな質量という因子を想定し,その因子における関係を表したニュートンの編み出した法則である.この関係式は $a=(1/m)f$ と数学上変形できる.この法則の関係性をみるとき,数式の左辺が結果,右辺を原因とすれば, $a=(1/m)f$ は,質量 m の物体に力 f が原因として作用した結果,物体は加速度 a で運動するという因果関係として捉えることができる. $f=ma$ は,加速度 a で運動する物体を止めようとすると ma の力がいるというのが慣性力の定義である.このように関係性をみるときには,因果関係でみるか定義としてみるかを意識したい.

〔6〕 **関係化力**　創造とは「想起したイメージの下に異なるファクター同士を結びつける」ということでもある.異なるファクターをむやみに結びつけてもいいアイデアは生まれないし非効率である.イメージが明確に想起されることで異なるファクターが選び抜かれ,結びつく必然性が生まれる.想起したイメージで必然的に結びついたその瞬間を「閃き」と呼ぶ.これは 1.3.1 項の「創造的思考プロセスのどこにいるかを判断する」で述べた啓示であり,アルキメデスのエウレカ (εύρηκα)「わかったぞ!」の状態である.

関係化力の一例として,即席ラーメンの押さえ蓋とタイマーを一体化したものをつくりたいと想起すると,シリコン製の押さえ蓋とキッチンタイマーを思いつく(いずれも 100 円ショップで売られているもの).**図 2.3** のようにこの異なるファクターを一体化することでこの瞬間,「即席ラーメンタイマー」という新製品が生まれる.これは 1.2.2 項「創造における心」の〔6〕で述べた連合である.この連合の中の「結合」と「接近」の心理学に対応できる.

図 2.3　即席ラーメンタイマーの構築

〔7〕 **シナリオ作りによる次代のライフシミュレーション**　「創造とは未知を知る」ことでもある．つまり，まだ見ぬものを具体的なカタチにすることで，未知の「未」を明らかにすることといえる．次代の生活がどうなるか，具体的な生活場面を設定し映画のようなシナリオを描くことでなにがその場面で必要とされるのかが想起でき，求められるもののイメージが明確になる．シナリオ作りの一例として，将来電気自動車が技術革新し，インフラ整備が進むと，電気自動車は急速に普及することになる．自宅で充電する場合，AC 100 V に比べ AC 200 V の電源を使うと半分の充電時間で済む．**図 2.4** のように電気自動車社会になると効率的にも家庭用の電気も AC 200 V が一般化し，それに応じて家電も AC 200 V にシフトするというシナリオが予測される．このように電気自動車を所有する家庭での充電をシミュレーションすることで，付随してなにが変わり，なにをつくらねばならないかが見えてくる．シミュレーションはいわば，未来のイメージ醸成装置でもある．

図 2.4　次世代のライフ-電気自動車

上述した小人になりエンジンのシリンダ内部に入り込むことと同じで，その場面の中を具体的に想像してその中に入り込み，自らの経験に基づきその場面の状況をつぶさにつくり込むことである．すなわちシナリオを作るのである．これが正確につくれると，1.2.2 項「創造における心」の〔9〕で述べた洞察ができる．イヌが目の前の金網の向こう側にある餌を取ろうとする．イヌはすぐに餌からいったん遠ざかり金網を迂回するような行為ができるのである．

〔8〕 **新たな言い回しによる概念規定力**　ものづくりにおいて，曖昧なファクターや複雑関係にあるファクターをあるイメージの下に一つの概念（コンセプト）にまとめる力を「概念規定力」と呼ぶ．この「概念規定力」が苦手だと，明快なものづくりのステップを踏めなくなる．一つの概念にまとめ込むには，ときとして最適にいい当てる新たな言い回しが必要となる．いままでの言葉に固執せずに新たな時代に即した言い回しに挑戦したい．その一例として，ピエゾ素子を環境発電時代におけるマイクロ発電技術のコア技術として「インパクトバッテリー」と概念規定できる．商品のイメージがしっかり伝わ

る言い回しはコピーワードづくりであるともいえる。同じ商品でもコピーワードでかなり印象が変わる。これから未知なるものを創造するとき適切な言い回しができると，一気にその未知なるものが見えるであろう。

〔9〕 **極考（モノゴトの極を見定める思考）の勧め** 宇宙の成立を追求していくと，「反物質」という物質の対極なるものの存在を認めざるを得ないように，モノゴトはすべて相反する極同志のつり合い関係で成立している。極と極との間には，電子や磁石のようにフォース（引き合う力，反発する力）が生まれる。新たなモノゴトを想起するとき，モノゴトには相対する極があるという考えを基に，その両極間におけるフォースのつり合いの最適関係を見極めたい。往々にして，思い込みなどが作用して片方の極側だけに捉われ，思考が片肺状態に陥る危険性がある。「Yes」「No」を決める際，Yes の理由 50％，No の理由 50％ から始め，それぞれの理由の数を増やしていく人がいる。両方の理由を考え出し，理由の数の多いほうで決定するのである。いわば事物を決定するのにさまざまな理由からの Yes と No で投票し民主主義的に決めるわけである。少数意見は後に新たな状況が生まれたとき尊重されることになる。

〔10〕 **未知を知るのには際を攻めろ** 「際」とはモノゴトの様態が急変する変異点（危険性も伴う）といえる。「創造とは未知を知る事」と述べたが，「際」の向こうには未知の世界がある。その未知の世界を知るには，相応な挑戦する勇気を持ち，万全な準備（知識と技術）の基に思考の際を果敢に攻めたい。**図 2.5** に示すように一度，「際」を攻め，その先の世界を知ることができると，さらなる「際」を攻める機会が得られ，思考の次元を高められる。自動車の運転で雪道を初めて走行する人にとって雪道走行はまさに「際」の世界である。雪道では車の挙動に加えて，アクセルワークやブレーキングしだいでスリップを起こし，大事故にもつながる。雪道走行という「際」を幾度も体感し，スキルを向上させることでさらなる安全運転の高みに行き着ける。

1.3.5 項で紹介したエジソンの言葉「わたしは，いままでに，一度も失敗をしたことがない。電球が光らないという発見を，いままで二万回したのだ。」

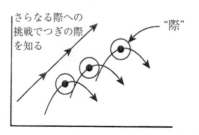

図 2.5 未知を知るために"際"を攻め続ける

を思い出そう。彼は20 001回も「際」を攻めたのである。

〔11〕 **湧き出る好奇心（好奇心は創造性の起点）**　世の中の「奇」という現象（普通でない状態）に鋭敏に気づき，不思議だと思いそれを解明しようとする行為はまさに「創造性の起点」となる。その対極は「無関心」，創造性の大敵である。好奇心というセンサ感度の向上に励みたい。「奇」という現象に鋭敏になることは不断の努力がいる。一方で1.3.2項〔3〕で述べたように，自ら非日常性に追い込み，日常性からの脱却を図ることで普段見逃した日常性の中に「奇」を見出すことができるであろう。

2.2　起想力発揮の阻害排除

2.2.1　阻害要因

- **多重専門分野（専門規定は逃げ，脳力の出し惜しみ）**　人は自分の専門分野を決め，それを生涯の仕事とするが，それは専門という蛸壺に入り脳力発揮の範囲を自ら規定し狭めることだ。これからの時代は，多分野にまたがる専門分野の知識と技術を複合的に駆使しなければ新たなものづくりは難しい。人間は脳力のわずかしか使ってないといわれており，旧来的な専門分野固執という観念から決別し，常日頃から脳には「多重専門分野」への挑戦という多重負荷を課したい。この中で異なる分野における固有の特性と分野にまたがる共通性あるいは横断性を見出すことができる。後者は1.2.2項〔7〕の類似＝アナロジーである。このアナロジーを意識すれば，一件異なった多くの分野も同じ地平にあることがわかる。この共通部をベースに各分野の固有事項にカスタマイズすればよいだけである。こうすることで，多重専門家になることはそれほど大変なことではない。

2.2.2　阻害要因排除のために

〔1〕 **われわれが見る真理は更新される**　古くから，世界の著名な科学者によってさまざまな発見がなされてきたが，新たな発見に伴い，いままでの公式や定理などでは説明がつかなくなり，新たな学説が生まれてきているように，われわれ人間が考える真理はけっして恒久的なものではなく，更新される。これは科学の歴史が証明している。このことを前提にモノゴトを考えたい。むしろ既製の真理を自ら更新するぐらいの気概を持ちたい。

〔2〕 **生活慣性からの「思い込み」**　常識，通念，しきたり，伝統，習慣，風習などは，日々の生活の中で蓄積され，新たな観点での思考の可能性を奪うことになる。新たなものづくりに臨む際は，一切の思い込みを断ち切り，ゼロベースから始動したい。この「思い込み」は「self-OS」のウイルスとなり，思考抑制を引き起こす。これは本章で述べた発想転換のまとめである。

〔3〕 **小系思考（スケールの小さい思考）**　日本人は概して大系思考が不得意である。世界の主要な系（基本ソフトやネットシステムなど）は，欧米に抑えられている。新たに生み出そうとするものを大系という観点から考えているのかをつねに自問し，世界の系を自らが抑えるほどのものづくりに挑みたい。これは 1.2.2 項〔10〕の中心転換が対応する。小系で重箱の隅を突っつく目から大系で全体を見直せということである。鎖国から解放された明治維新以降，わが国は，欧米に追いつけ追い越せのキャッチフレーズのもとで頑張ってきた。戦後，世界の工場を自認した日本は，仕様が与えられ，その仕様を精度よく満たすことに邁進し，世界に冠たるものづくりで世界を支えてきた。いま世界が日本に求めていることは大系思考に立ち，製品企画をつくりあげることである。もはや日本は世界の工場を卒業し，世界の製品企画の機能を果たす段階に入っている。

2.3　想起イメージの具現化

2.3.1　具現化に向けて

〔1〕 **想考匠試（創造活動の行動指針）**　「想」とは未来のあるべき姿をイメージ豊かに想い描くこと。「考」とは想い描いたものを具現化すべく実考に励むこと。「匠」とは製品化に向け，美しく，洗練させ，「匠」につくりあげること。美しくとは機能的に洗練されていることを意味する。「試」とは想いを頭の中に留めておかず，即，そのイメージをカタチにして試してみること。「想考匠試」をものづくりの行動指針としたい。

〔2〕 **触発情報（知識）の収集（優れた情報はアイデアの核となる）**

野菜や花を育成するにはバランスのよい各種肥料が不可欠である。優れたアイデアを創出するにも，アイデアを誘発する優れた触発情報の収集に日ごろから気にかけ，励みたい。情報に限らず，新機構の原理モデルなど触発モデルも身近に置くことをお勧めする。特に未体験の異分野の展示会などに積極的に出向くことで，発想する間口を広げられる。

〔3〕 ピンからキリを知る（一流を知る）　一流の「もの」，「こと」に触れ，体験することにより「キリ」を知ることができ，これからつくり出す「もの」の相対的なレベルがわかる。ものに限らず，一流といわれる人に接触し学ぶことで自分の立ち位置を押し上げられる。ピンに近い普通のレベルに留まっていてはなにも触発されない。自分の脳を励起させるにはとことん「キリ」の世界を知ることだ。

2.3.2　自らの創造活動のチェックリスト

以上，創造性トレーニングについて城井の流儀を紹介した。この流儀で読者は創造活動の適性に関するチェックリストをつくることができるであろう。チェック項目を整理するとつぎのようになる。

〔1〕　**日常的に創造体質をつくる訓練チェックリスト**
① 「創造体質」をつくるために創造のための「self-OS」を意識しているか？そのためにどのような訓練を行っているか？
② 世の中の普通でない状態に鋭敏に気づき，不思議だと思いそれを解明しようとする行動を取っているか？
③ 生活慣性からの「思い込み」から脱却する努力をしているか？
④ 非日常性を経験あるいは想像する努力をしているか？
⑤ 日ごろよいものに触れたり見聞したりして，そのことに関するメモをつくっているか？
⑥ さまざまな分野の展示会や講演会に参加して内容を整理しているか？
⑦ 常識（真実）と思われることを疑いそれを更新しているか？
⑧ 自分の専門を書き，その方法が複数の異なる分野でも共通で使えるという考え方を列記しているか。

〔2〕　**対象の分析チェックリスト**
⑨ 対象とする状態を駆動する第一原因である因子を見定め，それらの複雑に絡み合う関係性を解きほぐし，その全体像を明らかにする努力をしたか？
⑩ 対象の中に潜り込み内部を調べる，もしくは合理的に想像したか？
⑪ 企画・開発しようとする製品が，市場ではどのように使われているか，カスタマイズされているかなど，実際の使用現場に出向き自分の眼で現況を確かめたか？

〔3〕 創造におけるチェックリスト

⑫ 不便，不都合，不正，不均衡，不潔，不合理，不条理，不始末，不快など「不」の状態を感じるものはなにか？

⑬ 発想に相応しい概念を表す言葉を造語したか？

⑭ 漠然としたイメージから始まりポンチ絵を何度も繰り返し描いてイメージを明確にする努力をしたか？

⑮ 創造において異なるファクターを結びつける試みを行ったか？　この結びつきにおいて両者の関係を考察したか？

⑯ ヘレンケラーの「型通りにセーターを編み，ほどいて元の毛糸に戻して自分の体形に合わせて編み直す」ような「unlearn」を行ったか？

⑰ 企画するに当たり，始めから最後までのシナリオを考え，絵コンテをつくったか？

⑱ 想考匠試をそれぞれ何度行ったか？
　　　想＝「あるべき姿をイメージ豊かに想い描く」
　　　考＝「描いたものを具現化すべくよく考える」
　　　匠＝「美しく，洗練させる」
　　　試＝「イメージをカタチにして試してみる」

⑲ 試作，思考において，何度それを乗り越え新たな地平に至ったか？

⑳ 困難な道に入ったとき重箱の隅から目を転じて大系に視点の中心を転換して発想したか？

㉑ 判断に当たり「Yes」事項と「No」事項をできるだけ多く考えたか？

読者はこのチェック項目を参考にして自らの独創性トレーニングチェックリストと開発チェックリストをつくってほしい。このリストの作成自体が重要な創造性トレーニングの始まりである。

Ⅱ編　再発見のための数学・物理学と創造性トレーニング課題

　ものの理を説く学問が物理学である。物理学は数学を基礎に発展してきた。機械工学，土木工学や建築学の構造は力学をベースにする。電気工学は電気学，電波・光通信は電磁波学，電子工学は固体物性や量子力学などをベースとする。これらにおいて，対象そのものやその特性を表現する独自の方法が考案され，JISなどで定義されている。われわれが対象とするデバイスは機械系のみで構成されているとは限らない。電気系や機械系などを複合したものが多い。そこで，数学をベースにさまざまな分野の対象の特性や現象を共通に表現し，しかもその内部でなにが起こっているかを因果律的に理解しやすい伝達関数とブロック線図による記法を紹介する。

　準備としてラプラス変換から学ぶ。ラプラス変換は線形の微分方程式を面倒な積分演算なしに解く方法である。与えられた微分方程式を代数方程式化して，代入・消去により方程式の解を求める。つぎに多くのラプラス変換・逆変換関数が整理されたラプラス変換表を用いて同じ形の関数を見つけ解を求める方法である。伝達関数はラプラス逆変換する前のシステムの原因（入力）と結果（出力）の因果関係を表す関数であり，要素の特性はこの伝達関数で表現される。この伝達関数を結合してシステムの特性を表すものがブロック線図である。

　以上の伝達関数やブロック線図により対象の特性を表現してみる。これらの記法は，現象の因果関係および相互関係を明確に表す。この相互関係はほとんどの場合フィードバック循環系になっている。対象の循環系の原因（入口）をどれにし，結果（出口）をどれにするかにより，その対象を多様な視点から見直すことができる。例えば平行板コンデンサという基本電気要素を考えてみよう。この要素は電子を貯める機能を持つが，それを実現するには構造体が必要となる。この構造体に力が作用すれば，変形が起こり電気的特性に影響を及ぼす。電気現象と力学現象が平行板コンデンサを通じてたがいに絡み合っている。そしてこの絡み合いがフィードバック循環系を構成している。この視点からコンデンサは単に電子を蓄える容器の機能だけではなく，力を電荷に変換する要素としてみることもできる。このようなものの見方は計測制御工学で用いられてきたものである。このような視点こそ「既存デバイスからの新製品展開」の発想を心理的に誘発するだけでなく，その「もの」としての実現性を物理学的に担保することとなる。3章と4章では，このような視点から数学と物理学を俯瞰する。5章以降では，筆者らが取り組んできた発明（論文）をテーマに創造性をトレーニングする課題および事例を紹介してある。

3 分野を超えたシステムのモデリング

　数学を言語と捉える人は多くないであろう。しかし，自らの考えを表現伝達するという意味では言語である。これは多義性を排した最も論理的な言語であり，かつ，数学を使って方程式の形まで表現できれば，そのあとは数学のルールに基づいて方程式を解くことで，自動的に表現したい内容の解釈を与えてくれる。数学は自然現象だけでなく社会現象や経済現象も記述できる。じつはかなり自由にさまざまなことが表現でき，この自由度が，実体の解釈を困難にする。そこで少なくとも対象は因果の法則に従うという制約をつけ自由度を制約することを考える。このような因果関係を陽にした記述法は，ラプラス変換法に基づく伝達関数論でありブロック線図論である。この理論もかなり広範な表現力をもち，連続系で因果関係に従う対象はこの方法で記述できる。ここでは伝達関数論とブロック線図論を述べる。創造的に発想した結果をこれらの手法で記述できるようになると，発想が単なる思いつきから理論的背景や解釈を与える表現にすることができる。

3.1 伝達関数とブロック線図による対象の表現

3.1.1 ラプラス変換法

〔1〕 **ラプラス変換**　ラプラス変換はフーリエ変換と類似する積分変換である。時間 t で与えられた関数を複素角周波数 s の関数に変換するものである。時間微分方程式，あるいは時間を変数とするたたみ込み積分で記述される対象の因果律的解釈を与え，対象の取り扱いを容易にする。

　時間関数 $x(t)$ のラプラス変換と逆変換はつぎのような積分変換および記号で定義される（i は虚数単位）。

$$\left.\begin{array}{l}変換：X(s) = \displaystyle\int_0^\infty x(t)e^{-st}dt \equiv L[x(t)] \\ 逆変換：x(t) = \dfrac{1}{2\pi i}\displaystyle\int_{c-i\infty}^{c+i\infty} X(s)e^{st}ds \equiv L^{-1}[X(s)]\end{array}\right\} \quad (3.1)$$

〔2〕 **ラプラス変換の性質**　$L[x(t)] = X(s)$，$L[y(t)] = Y(s)$ とすると，ラプラス変換はつぎのような性質を持つ。

① 線形変換：$L[ax(t) + by(t)] = aX(s) + bY(s)$ 　　　　　(3.2a)

② 初期値定理：$\lim_{t \to 0} x(t) = \lim_{s \to \infty} sX(s)$ (3.2b)

③ 最終値定理：$\lim_{t \to \infty} x(t) = \lim_{s \to 0} sX(s)$ (3.2c)

④ n 階導関数の変換：

$$L\left[\frac{d^n x(t)}{dt^n}\right] = s^n X(s) - s^{n-1} x(0) - s^{n-2} \left.\frac{dx}{dt}\right|_{t=0} - \cdots - \left.\frac{d^{n-1}x}{dt^{n-1}}\right|_{t=0}$$
(3.2d)

⑤ 積分の変換：$L\left[\int_0^\infty x(t)\, dt\right] = \frac{1}{s} X(s)$ (3.2e)

⑥ 平行移動：$L[e^{-at} x(t)] = X(s+a)$ (3.2f)

⑦ 周波数スケーリング：$L[x(at)] = \frac{1}{a} X\left(\frac{s}{a}\right)$ (3.2g)

⑧ たたみ込み積分の変換：$L\left[\int_0^\infty x(\tau) y(t-\tau)\, d\tau\right] = X(s) \cdot Y(s)$ (3.2h)

〔3〕 **指数関数のラプラス変換** $t \geq 0$ で定義される指数関数 $x(t) = e^{-at}$ をラプラス変換する。ラプラス変換の公式（3.1）に代入するとつぎのようになる。

$$\int_0^\infty e^{-at} e^{-st}\, dt = \int_0^\infty e^{-(s+a)t}\, dt = \left[-\frac{1}{s+a} e^{-(s+a)t}\right]_0^\infty = \frac{1}{s+a} \quad (3.3\text{a})$$

この例は一般性を持っている。正弦波関数，余弦波関数，減衰正弦波関数，減衰余弦波関数はこの指数関数で与えられる。例えば正弦波関数 $x(t) = \sin \omega t$ は

$$x(t) = \sin \omega t = \frac{1}{2i}\left(e^{iwt} - e^{-iwt}\right) \quad (3.3\text{b})$$

であり，この関数のラプラス変換は式（3.3a）とラプラス変換が線形変換であることより，つぎのように求められる。

$$L[\sin \omega t] = L\left[\frac{1}{2i}\left(e^{iwt} - e^{-iwt}\right)\right]$$

$$= \frac{1}{2i}\{L[e^{iwt}] - [e^{-iwt}]\} = \frac{1}{2i}\left\{\frac{1}{s-i\omega} - \frac{1}{s+i\omega}\right\}$$

$$= \frac{\omega}{s^2 + \omega^2} \quad (3.3\text{c})$$

同様に余弦波関数 $\cos \omega t$ についても以下のように求められる。

$$L[\cos \omega t] = L\left[\frac{1}{2}\left(e^{iwt} + e^{-iwt}\right)\right]$$

$$= \frac{1}{2}\{L[e^{iwt}] + [e^{-iwt}]\} = \frac{1}{2}\left\{\frac{1}{s-i\omega} - \frac{1}{s+i\omega}\right\}$$

$$= \frac{s}{s^2+\omega^2} \tag{3.3d}$$

さらにラプラス変換の平行移動の性質より，減衰正弦波関数 $e^{-at}\sin\omega t$ および $e^{-at}\cos\omega t$ のラプラス変換はつぎのようになる。

$$L[e^{-at}\sin\omega t] = \frac{\omega}{(s+a)^2+\omega^2} \quad L[e^{-at}\cos\omega t] = \frac{s+a}{(s+a)^2+\omega^2} \tag{3.3e}$$

われわれがよく経験する現象を表す関数のラプラス変換を以下に示しておく。

〔4〕 **自然現象のモデリングに使用されるラプラス変換**

- 単位インパルス：$L[\delta(t)] = 1$ （3.4a）

- 単位ステップ　：$L[1] = \dfrac{1}{s}$ （3.4b）

- ラプラス変換可能な任意関数 $x(t)$ に対するむだ時間（時間遅延）：

$$L[x(t-L)] = e^{-sL}X(s) \tag{3.4c}$$

- 指数関数：$L\left[\dfrac{K}{T}e^{-\frac{t}{T}}\right] = \dfrac{K}{1+sT}$ （3.4d）

- 多項式関数と指数関数：$L\left[\dfrac{t^{n-1}}{(n-1)!}e^{-at}\right] = \dfrac{1}{(s+a)^n}$ （3.4e）

- ステップと指数関数：$L\left[K(1-e^{-\frac{t}{T}})\right] = \dfrac{K}{s(1+sT)}$ （3.4f）

- 減衰振動波：

$$L\left[1 - \frac{e^{-\zeta\omega_n t}}{\sqrt{1-\zeta^2}}\sin\left(\omega_n\sqrt{1-\zeta^2}\,t + \tan^{-1}\frac{\sqrt{1-\zeta^2}}{\zeta}\right)\right] = \frac{\omega_n^2}{s(s^2+2\zeta\omega_n s+\omega_n^2)}$$

（3.4g）

3.1.2　微分方程式のラプラス変換による解法

〔1〕 **ラプラス変換と微分方程式**　上述の諸性質および諸関数のラプラス変換・逆変換を用いると，ラプラス変換法により微分方程式を機械的に解くことができる。ラプラス変換の性質④＝式（3.2d）より，$L[x(t)] = X(s)$ とすると，$n=1$ とし初期値 $x(0)=0$ とした $x(t)$ の1階の導関数のラプラス変換は $L[dx(t)/dt] = sX(s)$ となる。形式的には，$L[d/dt] = s$ と置いたこととなり，微分演算子 d/dt をラプラス変換された領域では，単純に s に置き換えることができ，この s を代数方程式における係数と考えることができる。積分演

算は微分演算の逆演算であり，代数的には逆数となることから，$\int_0^t dt$ は $1/s$ と表すことができる．事実，ラプラス変換の性質より $L\left[\int_0^t x(t)dt\right] = X(s)/s$ であった．このように微分 d/dt，積分 $\int_0^t dt$ 演算をそれぞれ，s，$1/s$ と置くことで微積分を代数方程式化でき，これにより微積分学を代数学的に取り扱うことができる．これはヘビサイド（Oliver Heaviside）の発案であり，この妥当性の数学的証明は後になされた．

〔2〕 **微分方程式のラプラス変換** すべての初期値を0としてつぎの微分方程式をラプラス変換する．

$$a_n \frac{d^n x(t)}{dt^n} + a_{n-1} \frac{d^{n-1} x(t)}{dt^{n-1}} + \cdots + a_2 \frac{d^2 x(t)}{dt^2} + a_1 \frac{dx(t)}{dt} + a_0 x(t)$$
$$= b_m \frac{d^m u(t)}{dt^m} + b_{m-1} \frac{d^{m-1} u(t)}{dt^{m-1}} + \cdots + b_2 \frac{d^2 u(t)}{dt^2} + b_1 \frac{du(t)}{dt} + b_0 u(t)$$
(3.5a)

n 階の時間導関数のラプラス変換は，ラプラス変換の性質④より $L\left[d^n x(t)/dt^n\right] = s^n X(s)$ であり，これよりこの微分方程式のラプラス変換はつぎのようになる．

$$\left\{a_n s^n + a_{n-1} s^{n-1} + \cdots + a_1 s + a_0\right\} X(s) = \left\{b_m s^m + b_{m-1} s^{m-1} + \cdots + b_1 s + b_0\right\} U(s)$$
(3.5b)

したがって，解 $x(t)$ のラプラス変換 $X(s)$ は次式のように整理できる．

$$X(s) = \frac{b_m s^m + b_{m-1} s^{m-1} + \cdots + b_1 s + b_0}{a_n s^n + a_{n-1} s^{n-1} + \cdots + a_1 s + a_0} U(s) \qquad (3.5c)$$

この関数をラプラス逆変換することで微分方程式の解が求められる．式（3.5c）において $U(s)$ は原因となる変数のラプラス変換，$X(s)$ は結果となる変数のラプラス変換である．このとき原因と結果の関係を表すつぎの関数を伝達関数（transfer function）と呼ぶ．

$$G(s) = \frac{b_m s^m + b_{m-1} s^{m-1} + \cdots + b_1 s + b_0}{a_n s^n + a_{n-1} s^{n-1} + \cdots + a_1 s + a_0} \qquad (3.5d)$$

〔3〕 **ラプラス逆変換による微分方程式の解** ラプラス変換法による微分方程式の解法の特色は，機械的に微分方程式を解くことにある．事前にいくつかの関数をラプラス変換し整理しておいたラプラス変換表を用いることで，ラプラス逆変換の積分演算によることなく，微分方程式の解を求めることにある．例えば，$0 \leq \zeta < 1$ としてつぎの方程式をラプラス変換法で解こう．

$$\frac{d^2x}{dx^2} + 2\zeta\omega_n\frac{dx}{dt} + \omega_n^2 x = 1, \quad x(0) = \omega_n^2, \quad \left.\frac{dx}{dt}\right|_{t=0} = 0 \qquad (3.6a)$$

この微分方程式のラプラス変換は $(s^2+2\zeta\omega_n s+\omega_n^2)X(s)=\omega_n^2/s$ であり，解のラプラス変換は $X(s)=\omega_n^2/s(s^2+2\zeta\omega_n s+\omega_n^2)$ となる。これは減衰振動波のラプラス変換に相当し，事前に求めていたラプラス変換式（3.4g）より，つぎのように解を探し求めることができる。

$$x(t) = 1 - \frac{e^{-\zeta\omega_n t}}{\sqrt{1-\zeta^2}} \sin\left(\omega_n\sqrt{1-\zeta^2}\,t + \tan^{-1}\frac{\sqrt{1-\zeta^2}}{\zeta}\right) \qquad (3.6b)$$

さまざまな関数のラプラス変換が計算されており，ラプラス変換表として整理されている。

3.2 伝達関数論

3.2.1 伝達関数

〔1〕**微分方程式と伝達関数**　対象を因果律のもとで捉え，その原因と結果の関係は微分方程式で記述できる。微分方程式の右辺の項を原因変数とし，左辺の項を結果変数とする。式（3.5a）の微分方程式がある対象の因果関係を表すものとすると，$u(t)$ は原因，$x(t)$ は結果を表す変数となる。いま式（3.5c）に示すように初期値はすべて 0 として原因と結果の関係だけに注目しラプラス変換する。これを矢印 ──▶ と箱 □ を用いて

（原因）──▶ 関係 ──▶（結果）

と表す。

図 3.1 の箱の中の s に関する有理多項式は伝達関数と呼ばれ，対象の原因から結果までの関係を示している。伝達関数は式（3.5a）の微分方程式の全初期値を 0 としてラプラス変換して求めた。

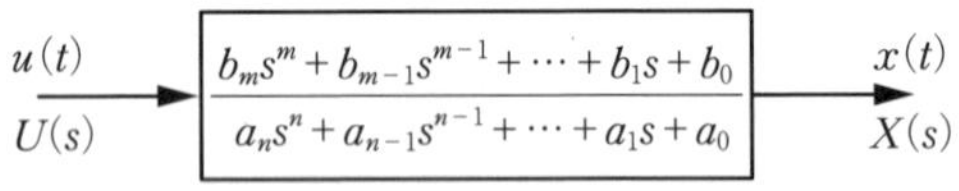

$$\begin{array}{c} u(t) \\ U(s) \end{array} \longrightarrow \boxed{\frac{b_m s^m + b_{m-1}s^{m-1} + \cdots + b_1 s + b_0}{a_n s^n + a_{n-1}s^{n-1} + \cdots + a_1 s + a_0}} \longrightarrow \begin{array}{c} x(t) \\ X(s) \end{array}$$

──▶ は因果の方向あるいは信号の流れの方向を表し，箱の中は原因から結果をつくり出す対象の特性を示す。人間には直観的理解を与える記法でさまざまな分野で使われている。このような記法を用いると対象がなんであっても構わなくなる。

図 3.1 現象の因果関係を表す伝達関数

〔2〕 **たたみ込み積分と伝達関数**　原因と結果の関係がたたみ込み積分で与えられる場合，このラプラス変換は式（3.2h）より

$$Y(s) = L[y(t)] = L\left[\int_0^\infty u(\tau)h(t-\tau)d\tau\right] = H(s) \cdot U(s)$$

となり，伝達関数は**図3.2**のように与えられる。

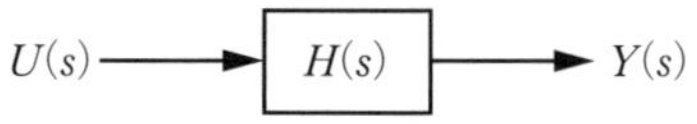

$$U(s) \longrightarrow \boxed{H(s)} \longrightarrow Y(s)$$

$$H(s) = \frac{b_m s^m + b_{m-1}s^{m-1} + \cdots + b_1 s + b_0}{a_n s^n + a_{n-1}s^{n-1} + \cdots + a_1 s + a_0}$$

たたみ込み積分も微分方程式表記もまったく同じことである。たたみ込み積分で必要な対象の特性関数は微分方程式の非同次項（原因あるいは入力）にインパルス波形を加えて求められる解である。

図3.2　たたみ込み積分で与えられた因果関係の伝達関数

図3.1と図3.2が同じ対象を表しているとすれば，式（3.5a）の微分方程式とたたみ込み積分は同じで，図3.1の伝達関数は図3.2の伝達関数 $H(s)$ と同じものである。

〔3〕 **いくつかの伝達関数**　図3.1および図3.2の伝達関数は対象が線形で原因と結果が単一である場合の一般対象の因果関係を表す。この伝達関数は一般的過ぎる。小規模な対象について，個別具体的伝達関数を知っておくと実践的である。

図3.3に示すように，人工的に原因として，大きさが1の階段状の変化（単位ステップ関数）を与える。この変化に応じて対象は結果を現象する。この現象を単位ステップ応答と呼ぶ。原因として単位ステップ状に変化させ結果の応答を求める実験は容易である。いくつかの個別具体的伝達関数における単位ステップ応答を**表3.1**に示す。

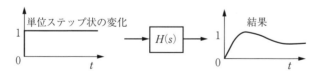

未知なる対象においてその特性を知る簡単な方法は，原因項に単位ステップ変化を加え，その結果の反応を見ることである。結果の反応から未知なる対象の多くの特性が読み取れる。

図3.3　単位ステップ状の変化を原因として加えた場合の結果

3. 分野を超えたシステムのモデリング

表3.1 よく観察される対象に対する単位ステップ応答（基本伝達関数）

この表は原因を単位ステップ状に変化させた場合の結果の応答を初めに示してある。
この応答波形から対象はどのような方程式に従って反応するかを見るための表である。

要素名	単位ステップ応答	定数	伝達関数
比例	（一定値 K_p）	K_p：伝達比（比例ゲイン）	$u \to \boxed{K_p} \to x$ $x = K_p u$
積分	（傾き $1/T_i$ の直線）	T_i：積分時間	$u \to \boxed{\dfrac{1}{T_i s}} \to x$ $\dfrac{dx}{dt} = \dfrac{1}{T_i} u$
微分	（インパルス T_d）	T_d：微分時間	$u \to \boxed{T_d s} \to x$ $x = T_d \dfrac{dx}{dt}$
一次遅れ（不完全積分）	$K(1 - e^{-\frac{t}{T}})$, $0.63K$	K：比例ゲイン T：時定数	$u \to \boxed{\dfrac{K}{1 + sT}} \to x$ $\dfrac{dx}{dt} = -\dfrac{1}{T} x + \dfrac{K}{T} u$
不完全微分	$Ke^{-\frac{t}{T}}$, $0.63K$	K：比例ゲイン T：時定数	$u \to \boxed{\dfrac{sTK}{1 + sT}} \to x$ $\begin{cases} x = Ku + y \\ \dfrac{dy}{dt} = -\dfrac{1}{T} y + \dfrac{1}{T} Ku \end{cases}$
遅れ・進み	$1 + \left(\dfrac{T_2}{T_1} - 1\right) e^{-\frac{t}{T_1}}$ $\left(\dfrac{T_2}{T_1} - 1\right)$ $T_2 > T_1$ $\left(1 - \dfrac{T_2}{T_1}\right) \times 0.63$	T_1, T_2：時定数 $T_1 < T_2$：進み $T_1 > T_2$：遅れ	$u \to \boxed{\dfrac{1 + sT_2}{1 + sT_1}} \to x$ $\begin{cases} x = \dfrac{T_2}{T_1} u + y \\ \dfrac{dy}{dt} = -\dfrac{1}{T_1} y - \dfrac{T_1 - T_2}{T_1^2} u \end{cases}$
二次遅れ	$\theta = e^{\frac{-\pi \zeta}{\sqrt{1 - \zeta^2}}}$ $0.0 < \zeta < 1.0$, $\zeta > 1.0$ $\dfrac{\pi}{\omega_n \sqrt{1 - \zeta^2}}$	ω_n：固有角周波数 ζ：減衰係数 θ：パーセント行き過ぎ量	$u \to \boxed{\dfrac{\omega_n^2}{s^2 + 2\zeta\omega_n s + \omega_n^2}} \to x$ $\dfrac{d^2 x}{dt^2} + 2\zeta\omega_n \dfrac{dx}{dt} + \omega_n^2 x = \omega_n^2 u$
むだ時間	（$t = L$ でステップ K）	K：比例ゲイン L：むだ時間	$u \to \boxed{Ke^{-Ls}} \to x$ $x = Ku(t - L)$

表3.1 （つづき）

要素名	単位ステップ応答	定数	伝達関数
積分むだ時間	（応答波形：L以降で傾き1.0の直線、$L+T$で1.0）	K：比例ゲイン T：時定数 L：むだ時間	$u \to \boxed{\dfrac{e^{-Ls}}{sT}} \to x$ $\dfrac{dx}{dt} = \dfrac{1}{T}u(t-L)$
一次遅れ むだ時間	（L以降で立ち上がり、$L+T$で$0.63K$、漸近値K）	K：比例ゲイン T：時定数 L：むだ時間	$u \to \boxed{\dfrac{Ke^{-Ls}}{1+sT}} \to x$ $\dfrac{dx}{dt} = -\dfrac{1}{T}x + \dfrac{K}{T}u(t-L)$
積分一次遅れ	$Kt - KT\left(1 - e^{-\frac{t}{T}}\right)$ （$-KT$切片、漸近直線傾きK）	K：比例ゲイン T：積分時間	$u \to \boxed{\dfrac{K}{s(1+sT)}} \to x$ $\begin{cases}\dfrac{dx}{dt} = y \\ \dfrac{dy}{dt} = -\dfrac{1}{T}y + \dfrac{K}{T}u\end{cases}$

3.2.2 基本伝達関数と応答

〔1〕 **現象と伝達関数**　表3.1は伝達関数の名称，単位ステップ応答，応答から読み取れる定数，伝達関数を整理して表している。この順番には観測からモデルへというこだわりがある。対象の因果関係が未知な場合，原因に単位ステップ関数状の信号を加え，その応答波形から定数を読み取り，その伝達関数を推定できる。これらの伝達関数は基本伝達関数と呼ばれ，比例，積分，微分，一次遅れ（不完全積分），不完全微分，遅れ・進み，二次遅れ，むだ時間の要素からなる。これらの基本伝達関数は小さな対象の原因結果の関係を表す。また，積分とむだ時間，一次遅れとむだ時間，積分と一次遅れを組み合わせた対象もよく見受けられる。

〔2〕 **一次遅れ要素の因果関係**　未知なる対象の単位ステップ応答が図3.4の右側に示される波形として測定された。この波形は表3.1より，一次遅れか二次遅れ要素（$\zeta > 1$）の応答に類似している。二次遅れの場合$t=0$での傾きは0である。この応答は$t=0$での接線の傾きは0でなく，時間Tで$0.63K$となるため一次遅れ要素と推定される。この未知なる対象の因果関係は一次遅れ伝達関数 $Y(s) = \{K/(1+sT)\}U(s)$ で与えられる。

いまこの伝達関数は $sY(s) = \{-Y(s) + KU(s)\}/T$ と変形でき，この形式でラプラス逆変換する。$L^{-1}[Y(s)] = y(t)$，$L^{-1}[U(s)] = u(t)$，$L^{-1}[sY(s)] =$

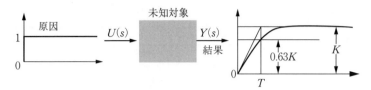

単位ステップ状に変化した原因に対して結果は右図のように与えられ，ここの波形から係数を読み出し，未知なる対象の特性を数学的に記述する。

図3.4 対象は一次遅れと推定される

$dy(t)/dt$ であり，この関係より，上の伝達関数はつぎの微分方程式でその因果関係を表すことができる。

$$\frac{dy(t)}{dt} = \frac{-y(t) + Ku(t)}{T}$$

この微分方程式の関係を言語で記述すると「原因と結果の間において，結果の増加の速さは，現在の結果の量の大きさに負に比例するとともに，原因量の大きさのゲイン倍にも比例する。また，結果の増加の速さは，時定数に反比例する」となる。これは現象論的にその因果関係を述べたが，この関係の背景となる原理には触れていない。

3.3 ブロック線図論

3.3.1 システム表現

〔1〕 システムとブロック線図　表3.1の伝達関数は比較的小規模な対象の因果関係モデルを表す。それでは大規模な対象のモデルはどのように構築されるのであろうか。大規模な対象も要素に分割していくと最終的には表3.1の比例要素と積分要素に至る。したがって比較的大規模な対象といえどもその関係は比例要素と積分要素を含む表3.1の要素を結合したネットワークで表すことができるはずである。このように複数の要素が結合して構成されるものをシステムと呼ぶ。

この伝達関数のネットワーク化の手法がブロック線図論である。同等な方法にシグナルフローグラフ法がある。違いは表記法だけであり，ここではブロック線図法を紹介する。ブロック線図のブロックは図3.1に示したように伝達関数をブロック（箱）に入れ原因から結果を━▶で表す。このブロックを因果の連鎖に基づきつなぐ線図（diagram）という意味でブロック線図と呼ばれる。

〔2〕 **伝達関数の接続と等価変換**　伝達関数は対象の因果関係に基づきさまざまな接続が考えられる。これらの基本接続は，**図 3.5** に示すように①直列接続，②並列接続，③フィードバック接続である。等価矢印をはさんで左図は接続，右図はこの接続を等価的に変換し一つの伝達関数にしたものである。

二つの対象の直列接続　　　　　　一まとめにされた因果関係

① 因果の連鎖が一方向につながる。

二つの対象の並列接続　　　　　　一まとめにされた因果関係

② 原因が同じ因果関係に従う二つの現象が同時に発生しそれらの結果として現れる量が加え合わさる。

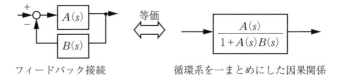
フィードバック接続　　　　　　循環系を一まとめにした因果関係

③ 伝達関数 $A(s)$ で特性が表された注目すべき対象の結果を，伝達関数 $B(s)$ をもつ機構を通じてその対象の原因に循環させるフィードバック接続。

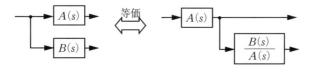

④ 一つの原因からただちに二つの結果に至ることと，伝達関数 A を介した結果より，B/A の伝達関数を介してもう一つの結果に至ることは等価である。

⑤ 原因と結果を入れ替えた場合，信号の流れが逆転し，−で加えられた信号は＋で加えられる。

ブロック線図自体，代数方程式で記述されたモデルを線図で表したものである。これらの変換は代数方程式の数式の変換に対応している。

図 3.5　ブロック線図における基本接続

① **直列接続**　図 3.5 ①に直列接続を示す。原因から結果，その結果が第二原因とし，つぎの結果を生み出すという因果が一方向に連鎖する様子を示す。図 3.5 ①の左図には二つの因果関係が連鎖している例を示しているが，二つに限らず多数の因果関係が連鎖する状況も表せる。この接続の特

色は，後側の現象は前側に影響を与えないことである．また第一原因から最終結果までを一つの対象とみなす場合，図3.5①の右図に示すように，それぞれの伝達関数の積により，一まとめの伝達関数として表すことができる．

② **並列接続**　二つの対象があり，これらに同じ原因が作用し，対象はそれぞれの結果を現象する．この二つの結果として現れる量が加算あるいは減算されて最終結果を現象する場合，並列接続でその状況を表す．図3.5②の左図に伝達関数 $A(s)$ から現れる結果の量と，伝達関数 $B(s)$ の結果の量を加えあわせる場合を，図3.5②の右図に一つにまとめた伝達関数で示す．

③ **フィードバック接続**　一つの対象がありその結果をなんらかの機構を通じてその対象の原因に戻す原因－結果の循環接続をフィードバック接続という．フィードバック系において結果の量を反転して原因に戻す場合を負のフィードバック系，そのままの符号で戻す場合を正のフィードバック系という．現象が安定な場合，その対象内には負のフィードバック系が存在している．フィードバック系に対して，直列接続のように因果の系列が一方向の場合をフィードフォワード系という．図3.5③の左図に伝達関数 $A(s)$ から現れる結果の量と伝達関数 $B(s)$ の結果の量が負のフィードバックで循環している場合，全体のモデルを図3.5③の右図に示す．

④ **検出点の移動**　一つの原因から，二つの異なった関係を通して二つの結果が生み出されるモデルがある．一つの原因から一つの結果が出力され，その出力を原因として二つ目の結果を出力するモデルが考えられる．図3.5④の左図に伝達関数 $A(s)$ から現れる結果と，その結果に対して伝達関数 $B(s)/A(s)$ の関係を作用させたモデルを図3.5④の右図に示す．

⑤ **信号の流れの逆転**　原因と結果を入れ替えるモデルが考えられる．もともとの結果を原因，原因を結果と考えるものである．この場合，信号の流れが反転するだけでなく，伝達関数は逆数となり，－で加えられていた量は符号が反転し＋で加えられる．図3.5⑤の左図の信号流れ系は，原因と結果を入れ替えると図3.5⑤の右図に示すようになる．

〔3〕**フィードフォワード系とフィードバック系**　ブロック線図の接続とフィードフォワード系およびフィードバック系の例を，**図3.6**に示す貯水タンクの接続との関係で考えてみよう．

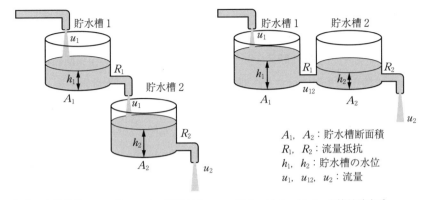

(a) 直列接続フィードフォワード貯水系　　(b) フィードバック接続貯水系

図 (a) の系において，後段のタンクの水位は前段の上部にあるタンクに影響を及ぼすことはできないフィードフォワード系である。図 (b) の系はタンクの底面で水路がつながり，前のタンクの水位が後のタンクより高いと前から後ろに水は流れるが，逆の場合，水も逆流する。前段，後段のタンクがたがいに影響を及ぼしているフィードバック系である。

図 3.6 フィードフォワード接続とフィードバック接続

図 (a) の直列接続貯水は英語では Cascade 接続と呼ばれ，これは白糸の滝を意味し，滝の水を池で蓄え，池が満ちたら，その水がまた滝として下方に流れまた池をつくるという貯水系である。この系においては，滝の上部にある貯水槽 1 は下部にある滝の貯水槽 2 に影響を及ぼすが，その逆はない。影響は

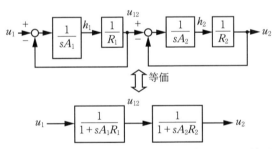

(a) 直列接続フィードフォワード貯水系のブロック線図

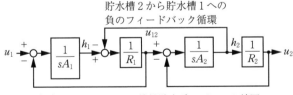

(b) フィードバック接続貯水系のブロック線図

図 3.6 の実体系をブロック線図で示すと信号の流れの様子が明確である。ブロック線図で対象を表現することで信号の流れあるいは因果の順序が明確になる。

図 3.7 貯水系のブロック線図

貯水槽1から2へと一方向である。図（b）は二つの水槽が流路を通してつながっており，貯水槽2の水位の高さが貯水槽1からの流れに影響するため，たがいの貯水槽の水位は影響しあう。図3.6の水位，流量の因果関係を示すブロック線図を**図3.7**に示す。直列接続フィードフォワード貯水系のブロック線図では，貯水槽1，2それぞれから流れ出す流量が，それぞれの貯水槽にフィードバックされているが，貯水槽2から貯水槽1に対してフィードバックがない。原因側にある貯水槽1から結果側の貯水槽2へと一方向に影響が及ぼされているのみである。一方，フィードバック接続貯水系では原因側から結果側への影響のみならず，結果側にある貯水槽の水位が原因側にある貯水槽1の水位に影響を及ぼしている。

3.3.2 ブロック線図から伝達関数への変換

〔1〕 巨視的ものの見方　3.2.2項で述べた基本伝達関数は比較的小規模な対象の因果関係を表すものであった。多くの小規模な対象は表3.1に示す伝達関数要素で表現できる。この要素は切り出された部分においてその因果関係を表している。この意味で表3.1の伝達関数は，対象部分を捉えるものであっても対象総体を表すものではない。各部分の因果関係の連鎖による対象全体を示す方法がブロック線図である。

ブロック線図は，その内部あるいは対象全体の因果関係を維持したまま，等価に変換できる。これをブロック線図の等価変換と呼ぶ。この等価変換には二つの方向がある。一つは，詳細な内部の因果関係は複雑な伝達関数内部に封じ込め，ブロック線図の原因（入力）と結果（出力）の関係を維持したまま，外から見た因果関係を単純化する方向である。対象の巨視化（macroscopic）でホーリズム的理解のための表現である。この変換をブロック線図の簡約化と呼ぶ。もう一つはブロック線図を分解し，内部でなにが起こっているかを詳細に表現する変換である。この変換は微視的（microscopic）にものを観る元素還元論的見方である。ここでは簡約化について述べる。

〔2〕 ブロック線図の簡約化　ブロック線図の簡約化には図3.5のブロック線図の等価変換を用いる。図3.5の左図のブロック線図は等価的に右図のように変換できる。少し複雑な左図のブロック線図は右図では単純化されている。この等価変換を巨視的に与えられるブロック線図に適宜適用することで，ブロック線図の簡約化は進められる。

一例として原因-関係-結果が**図3.8（a）**のブロック線図で与えられる対象

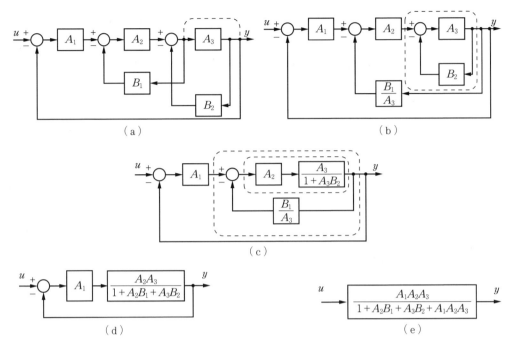

図 3.8 ブロック線図の簡約化のプロセス

を考える．ブロック線図を構成している各伝達関数は，表3.1を参照しながら，実験によるデータから推定するか物理学的法則に基づいて求める．原因変数は u，結果変数は y で与えられる．このブロック線図では，伝達関数 A_2 と B_1 からなるフィードバック系に伝達関数 A_3 と B_2 からなるフィードバック系が入り込んでおり，循環系が相互に絡んでいる．この絡みを解くために，図3.5④の等価変換を適用して検出点を破線矢印の後方に移動する．これにより図3.8（b）のようなブロック線図に変換される．このブロック線図において破線で囲まれた部分のブロック線図はフィードバック接続になっている．フィードバック接続は図3.5③の等価変換より，この伝達関数は $A_3/(1+A_3B_2)$ となり，図3.8（c）のブロック線図に等価変換できる．このブロック線図において伝達関数 A_2 と $A_3/(1+A_3B_2)$ は図3.5①に示す直列接続であり，これらの伝達関数の積で一つの伝達関数に等価変換できる．この積で与えられた伝達関数 $A_2A_3/(1+A_3B_2)$ と伝達関数 B_1/A_3 はフィードバック接続であり，再びフィードバック接続を等価変換し整理すると図3.8（d）のようなブロック線図になる．伝達関数 A_1 と伝達関数 $A_2A_3/(1+A_2B_1+A_3B_2)$ は直列接続であり，等価変換すると $A_1A_2A_3/(1+A_2B_1+A_3B_2)$ となって，この伝達関数に結果 y から原因 u に直接フィードバックされている．直接フィー

ドバックされているということは，結果の値が1倍され，すなわちゲイン1の伝達関数を介していることであり，伝達関数 $A_1A_2A_3/(1+A_2B_1+A_3B_2)$ に大きさ1の比例要素でフィードバックされていることであり，再び図3.5③の等価変換を適用したものが，最終的に図3.8（e）のようなブロック線図あるいは伝達関数となる。このブロック線図は直接原因と結果を関係づけている。対象内部の要素の結合の情報は，このブロック線図内部の伝達関数の複雑さとして吸収されている。

ブロック線図は，図3.5のブロック線図の等価変換を与えられるブロック線図に逐次適用することにより簡約化できる。この図は一例でそのプロセスを示している。

〔3〕 **要素の現象（特性）からシステム全体の現象を推定する**　ある対象は，三つの要素が**図3.9**（a）に示すように接続され構成されているとする。原因から結果に向けて一方向に信号が流れ，全体として負のフィードバックとなっている。いま各要素の特性が不明のため，各要素を対象から取り外し図3.3に示す単位ステップを原因として加える実験を行った。それぞれ要素①，②，③の結果は図3.9（b），（c），（d）に示すように観測された。要素①の現象は表3.1の進み要素の現象とよく似ており，進み要素の伝達関数で表すことができると推定できる。時刻 $t=0$ における出力の値は3であり，出力の定常値1に現象が推移している。3から1に大きさ2だけ推移する。その値が 2×0.63 となるまでの時間は1秒である。表3.1の進み要素の波形と伝達関数

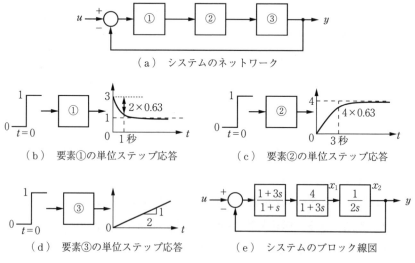

図3.9　現象からモデルへ

のパラメータより $T_1=1$ 秒および $T_2/T_1=3$ であるから，$T_2=3$ 秒と推定できる。したがって，要素①の伝達関数は $(1+sT_2)/(1+sT_1)=(1+3s)/(1+s)$ と推定できる。

　信号が一方向に流れている，あるいは因果の順番が循環していない部分を対象から切り取る。この切取り作業は慎重に行わなければならない。多くの実体では部分を切り取ることで因果の連鎖も切り離されることが多いからである。その後で，ここの要素の特性を調べ，それらを再び合成することで対象全体の特性が把握できる。

　同様に要素②は表3.1の一次遅れ伝達関数の単位ステップ応答に似ている。要素②の特性は一次遅れに従うものとする。要素①の場合と同様に，表3.1の要素②の出力波形と表3.1の応答より一次遅れ要素と推定でき，この伝達関数は $K/(1+sT)=4/(1+3s)$ と推定できる。要素③は積分要素であり，$1/sT_i=1/2s$ と推定される。これらの伝達関数をブロック線図に埋め込むことで図3.9（e）のように全体のシステムのブロック線図ができる。これらの推定された各要素の伝達関数のもとで，ブロック線図を簡約化すると，このシステムの原因から結果までの特性が一つの伝達関数として知ることができる。この伝達関数は**図3.10**に示すようになる。

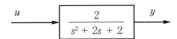

図3.9のフィードバックシステムは整理するとこのような
減衰振動特性を示す対象であることがわかる。

図3.10　対象の原因と結果の直接関係を示すモデル

　この伝達関数は表3.1の二次遅れ要素の伝達関数と同じであるため，固有角周波数 $\omega_n=\sqrt{2}$，減衰係数 $\zeta=1/\sqrt{2}$ の係数をもつ減衰振動特性を示す巨視的モデル化ができた。この伝達関数は，対象の動作範囲の中で，任意の原因入力に対して成り立ち，その原因に対する結果の応答が得られる。

4 再発見のための物理学の見方

　ものづくりの学術的基礎は自然科学であろう。その中で物理学は特に重要である。物理学は元素還元論的考えに基づき体系がつくられている。すなわちものをつくる最小要素はなにかを問い，その最小要素を積み上げて実体があるという考え方である。これはもののサイズだけでなく考え方でも同様である。例えば与えられた力学系を質量，ばね，粘性に分離し，分離された要素の性質を究明して法則化するという考え方である。ニュートンの運動の法則はまさにこのような考え方でつくられた。これらの諸法則を実体にはめ込み，実体の特性を理解するという方法である。ここでは，この考え方とまったく逆な考え方で，複数の要素が組み合わさってつくられる実体をできるだけそのままシステム的に見ようとする方法を述べる。そのためには2章の伝達関数やブロック線図という数学的記述法は最適である。この記述法を用い，従来は単独な電気系と考えられていたデバイスを力学系，電気系，熱系で表現し，かつ複合システムは必ずフィードバックを内包するという視点から物理学を見直す。これは与えられたデバイスを使って別な用途を考えるという発想転換に必要なものの見方である。

4.1 物理学を俯瞰する

4.1.1 物理学の各分野と法則

・高等学校の物理学の教育体系　高等学校の物理学の教育体系は「物理的な事物・現象についての観察，実験（あるいは課題研究）などを行い，自然に対する関心や探究心を高め，物理学的に探究する能力と態度を育てるとともに基本的な概念や原理・法則を理解させ，科学的な自然観を育成する。」ことを目標とした内容になっている。目標の設定は立派なものである。ただし，この目標に沿って高校生はおろか，専門家でもどれほど自分の血となり肉となるものとして習得しているであろうか。この点は自ら反省し恥じ入っている。本章は，いくつかの事例を通じて高等学校の物理学の実体的な理解の機会を与えるものである。物理基礎では〔1〕物体の運動とエネルギー，〔2〕さまざまな物理現象とエネルギーの利用，について述べている。生活の中の物理現象として身近な電気から始まり，波とエネルギーは物理学の横断的な取組みになって

いる．物理では，〔1〕さまざまな運動，〔2〕波，〔3〕電気と磁気，〔4〕原子，のプログラムが用意されている．これらは物理基礎の横断的取組みに対してそれぞれの分野の専門性を深める個別的取組みになっている．

物理基礎の内容は以下の構成になっている．

〔1〕物体の運動とエネルギー
 (a) 運動の表し方　①物理量の測定と扱い方，②運動の表し方，③直線運動の加速度
 (b) さまざまな力とその働き　④さまざまな力，⑤力のつり合い，⑥運動の法則，⑦物体の落下運動
 (c) 力学的エネルギー　⑧運動エネルギーと位置エネルギー，⑨力学的エネルギーの保存

〔2〕さまざまな物理現象とエネルギーの利用
 (a) 熱　⑩熱と温度，⑪熱の利用
 (b) 波　⑫波の性質，⑬音と振動
 (c) 電気　⑭物質と電気抵抗，⑮電気の利用
 (d) エネルギーとその利用　⑯エネルギーとその利用
 (e) 物理学が拓く世界　⑰物理学が拓く世界

物理の内容は以下の構成になっている．

〔1〕さまざまな運動
 (a) 平面内の運動と剛体のつり合い　①曲線運動の速度と加速度，②斜方投射，③剛体のつり合い
 (b) 運動量　④運動量と力積，⑤運動量の保存，⑥はね返り係数
 (c) 円運動と単振動　⑦円運動，⑧単振動
 (d) 万有引力　⑨惑星の運動，⑩万有引力
 (e) 気体分子の運動　⑪気体分子の運動と圧力，⑫気体の内部エネルギー，⑬気体の状態変化

〔2〕波
 (a) 波の伝わり方　⑭波の伝わり方とその表し方，⑮波の干渉と回折
 (b) 音　⑯音の干渉と回折，⑰音のドップラー効果
 (c) 光　⑱光の伝わり方，⑲光の回折と干渉

〔3〕電気と磁気
 (a) 電気と電流　⑳電荷と電界，㉑電界と電位，㉒コンデンサ，㉓電気回路

表 4.1 高等学校教科書による物理学の法則，効果，原理

力　学

[質点の運動]
- 運動の第 1 法則（慣性の法則）
- 運動の第 2 法則（運動の法則）
- 運動の第 3 法則（作用・反作用の法則）
- 平行四辺形の法則

[仕事とエネルギー]
- 運動量保存則
- フックの法則
- エネルギーの原理

[剛体・弾性体とエネルギー]
- ストークスの法則（粘性抵抗）
- パスカルの原理
- シュタイナーの定理（平行軸の定理）
- ベルヌーイの定理
- 角運動量保存則

[円運動]
- ケプラーの第 1 法則
- ケプラーの第 2 法則
- ケプラーの第 3 法則
- 万有引力の法則

波　動

[光　波]
- 直進法則
- 逆進法則
- 反射・屈折の法則
- スネルの法則
- ランベルトの法則
- フェルマーの原理
- ホイヘンスの原理

[音　波]
- ウェーバー・フェヒナの法則
- ドップラー効果

現代物理

[原子と原子核]
- レイリー・ジーンズの放射法則
- シュレーディンガー方程式
- 発光ダイオード
- 太陽電池
- トランジスタ

[相対性理論]
- マイケルソン・モーリーの実験
- 特殊相対性理論
- 質量とエネルギーの等価性
- 相対論的ドップラー効果

[素粒子と波動性]
- コンプトン効果
- 光電効果に関するアインシュタインの式

電磁気学

[静電気]
- クーロンの法則
- ガウスの法則
- 圧電効果

[磁　場]
- クーロンの法則
- 右ねじの法則
- ファラデーの電磁誘導の法則
- ビオ・サバールの法則
- アンペールの法則
- レンツの法則
- フレミングの左手の法則
- フーコー電流

[定常電流]
- オームの法則
- キルヒホッフの第 1 法則
- ホッフの第 2 法則
- 熱電効果（ゼーベック効果）
- ペルチェ効果
- マイスナー効果

[電磁波]
- マクスウェル・アンペールの法則
- マクスウェルの方程式

熱力学

[気体の法則]
- ボイルの法則
- シャルルの法則
- ボイル・シャルルの法則
- エネルギー等分配の法則
- 理想気体の状態方程式

[熱力学]
- 熱力学第 0 法則
- 熱力学第 1 法則
- 熱力学第 2 法則
- 熱力学第 3 法則（ネルンストの定理）
- エントロピー増大の法則
- ポアソンの法則
- ボルツマンの原理　$S = k_B \log W$
- カルノーの定理
- エネルギー保存則

（b） 電流と磁界　㉔ 電流による磁界，㉕ 電流が磁界から受ける力，
㉖ 電磁誘導，㉗ 電磁波の性質とその利用

〔4〕 原子

（a） 電子と光　㉘ 電子，㉙ 粒子性と波動性

（b） 原子と原子核　㉚ 原子とスペクトル，㉛ 原子核，㉜ 素粒子

（c） 物理学が築く未来　㉝ 物理学が築く未来

　表4.1に力学，電磁気学，波動，熱力学，現代物理学の分野で代表的な法則や現象，原理を示す。これらの法則や現象および原理は「温故創新」における訪れるべき故郷である。

　内容としては物理学のほとんどが網羅されている。しかし前述した平行板コンデンサの例で述べたように，表4.1の法則，効果，原理が現実の実体にどう関わるかは触れられていない。これは物理学のアプローチからやむを得ないことである。実体から現れるさまざまな現象を捨象し，注目する現象に純化して法則，効果，原理として整理している。これはガリレオの時代からの科学の手法であり，オイラーは物体を大きさはないが質量がある質点とみなし物理学を数理的に体系化した。このアプローチは，これら世界を理解する王道であろうが，創造的なものづくりの思想はこのような考え方とは異なる。

4.1.2　物理学の法則と物理システムの伝達関数およびブロック線図表現

〔1〕 **物理法則の伝達関数表現**　　実体から現れるさまざまな現象を捨象し，注目する現象に純化して，その現象をクローズアップさせたものが物理の法則である。これにより普遍性が担保されるため，物理学の法則は最も単純な伝達関数で表される。表3.1に，よく目にする現象を伝達関数として整理した。この中で最も基本となる伝達関数は比例要素と積分要素であった。事実，微分要素を除きほかの伝達関数は比例要素と積分要素からなるブロック線図に分解でき，比例要素と積分要素は伝達関数の元素的要素といえる。物理学の基本原理はこれら比例要素 $u(t) \rightarrow \boxed{K_p} \rightarrow x(t)$ と積分要素 $u(t) \rightarrow \boxed{1/sT_i} \rightarrow x(t)$ で表される。以下いくつかの法則を伝達関数で示す。

① 質量 m の物体に作用する力 f と加速度 a に関するニュートンの運動の第2法則

　　質量 m の物体に力 f が原因として作用した。その結果として物体は加速度 a で運動する。これを伝達関数で表すとつぎのようになる。

$$f(t) \longrightarrow \boxed{\dfrac{1}{m}} \longrightarrow a(t)$$

② ばね定数 k のばねとそれに作用する力 f とばねの伸び x に関するフックの法則

　ばね定数 k のばねに力 f が原因として作用した。その結果としてばねは変位 x だけ変形する。これを伝達関数で表すとつぎのようになる。

$$f(t) \longrightarrow \boxed{\dfrac{1}{k}} \longrightarrow x(t)$$

③ 抵抗値 R の電気抵抗に加える電圧 V と流れる電流 i に関するオームの法則

　抵抗値 R の電気抵抗に電圧 V を原因として加える。その結果として電流 i が流れる。これを伝達関数で表すとつぎのようになる。

$$V(t) \longrightarrow \boxed{\dfrac{1}{R}} \longrightarrow i(t)$$

また，積分要素で表される法則としてつぎのようなものがある。

④ 静電容量 C のコンデンサに流れ込む電流 i と静電容量の両端の電位差 V に関する法則

　静電容量 C のコンデンサに原因として電流 i を流す。その結果コンデンサの両端に電位差 V が現れる。これを伝達関数で表すとつぎのようになる。

$$i(t) \longrightarrow \boxed{\dfrac{1}{sC}} \longrightarrow V(t)$$

⑤ 自己インダクタンス L のコイルに加える電圧 V と電流 i に関するファラデーの法則

　自己インダクタンス L のコイルに原因として電圧 V を加える。結果としてコイルに電流 i が流れる。これを伝達関数で表すとつぎのようになる。

$$V(t) \longrightarrow \boxed{\dfrac{1}{sL}} \longrightarrow i(t)$$

伝達関数ではないが積分あるいは微分演算で表現できる。

⑥ 質量 m の物体の等速運動に関するニュートンの第1法則

$$m\dfrac{dv(t)}{dt}=0, \quad v(0)=v_0$$

などである。そのほか多数の法則は，量の間の因果関係を上記の比例および積分で表される。

〔2〕 **物理システムのブロック線図** 複数の要素がある目的をもって有機的に結合したものがシステムである。二つ以上の物理的要素が相互に作用しながら結合することでシステムとなり，このようなシステムはフィードバック型のブロック線図で表される。数限りのないシステムは存在する。ここでは事例的に上記物理学の原理に関わる要素を組み合わせたシステムについてそのブロック線図を求めてみることとする。

① 2個の電気抵抗を組み合わせた分圧回路　**図4.1**（a）に2個の電気抵抗を組み合わせた分圧回路を示す。この回路の目的は，入力電圧 E_i を分圧して出力電圧 E_o を発生させることである。

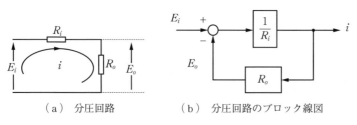

（a）分圧回路　　　　（b）分圧回路のブロック線図

図4.1 分圧回路とブロック線図

入力電圧が原因となり，回路に電流 i が流れ，電気抵抗 R_o に流れ込んだ抵抗にはオームの法則により電圧が発生する。数式では，つぎのように表せる。

$$i = \frac{E_i - E_o}{R_i}$$

$$E_o = R_o i$$

上式をブロック線図の約束に従いブロック線図化すると，図4.1（b）のようになる。

電気抵抗 R_o に電流が流れ込んだことにより，この端子に電流の流れの向きと逆方向の電圧が発生し，電圧が負のフィードバック信号を自動的に発生させている。

② 電気抵抗とコンデンサを接続したフィルタ回路　同様に**図4.2**（a）に電気抵抗とコンデンサを組み合わせた回路を示す。この回路の目的は入力電圧 E_i をローパスフィルタに通して出力電圧 E_o を発生させるものである。

入力電圧が原因となり回路に電流 i が流れ，コンデンサ C_o に流れ込んだ電流によって電荷が蓄えられるため，コンデンサ端子に電圧 E_o が発生

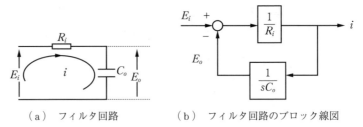

（a）フィルタ回路　　　　（b）フィルタ回路のブロック線図

図4.2 フィルタ回路とブロック線図

する。数式では以下のように表せる。

$$i = \frac{E_i - E_o}{R_i}$$

$$E_o = \frac{1}{C_o} \int_0^t i\,dt$$

上式をラプラス変換してブロック線図化すると図4.2（b）のようになる。

回路の素子が異なりブロック線図の中の伝達関数が異なるが，両回路ともフィードバック系になっている。コンデンサに電流が流れ込み，ブロック線図に示す積分要素で電荷が蓄えられる模様を表している。この蓄えられた電荷に比例しコンデンサ端子に電流の流れと逆方向の電圧が発生する。この電圧が負のフィードバック信号となる。

③　**質量とばねを接続した力学系**　　つぎに**図4.3**に示すように質量とばねが接続された力学系もフィードバック系になっていることを示そう。

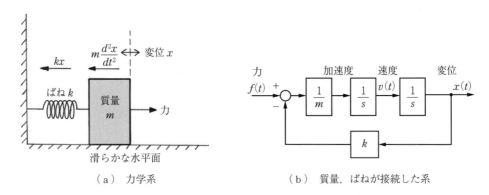

（a）力学系　　　　　　　（b）質量，ばねが接続した系

図4.3 質量，ばねを接続した力学系とブロック線図

ニュートン運動の第2法則により，質量に加えられた力に抵抗する力として加速度と質量の積に比例する慣性抗力 $m(d^2x/dt^2)$ が発生する。同様に，ばねではばね定数と変形量の積に比例する復元力 kx が発生する。

これらの二つの抗力と外部から加えられる力 f がつり合ってこの力学系は現象を発生するのである。これを方程式で表すとつぎのようになる。

$$m\frac{d^2x(t)}{dt^2} + kx(t) = f(t), \quad x(0) = x_o, \quad \left.\frac{dx(t)}{dt}\right|_{t=0} = v_0$$

いま，速度を $dx(t)/dt = v(t)$ として上式を1階の連立常微分方程式の形に書き換える。

$$\frac{dx(t)}{dt} = v(t), \quad x(0) = x_o$$

$$\frac{dv(t)}{dt} = \frac{1}{m}\{f(t) - kx(t)\}, \quad v(0) = v_o$$

上式を $x_o = 0$, $v_o = 0$ としてラプラス変換し，回路と同様にブロック線図をつくると図4.3（b）のようにやはりフィードバック系になる。

　質量 m の物体に力 f が作用し，ニュートンの運動の第2法則より加速度が発生する。加速度を2回積分すると，変位になり，ばねを x だけ変形させる。この復元力により物体をもとの位置に戻そうとする。これが負のフィードバックになる。システムは図3.6（a）のように前段のシステムが後段のシステムに影響を与えないものを除き，フィードバックモデルで表すことができる。

　これらの例では例えばコンデンサは電気素子として扱われ，誘電体が2枚の導体で挟まれた物体として扱われていない。コンデンサの内部に入り込んでみると，これは電荷を蓄える物質からなる物体であり，物体である限り質量やばねなどの力学的特性を持っているのである。つぎにデバイス単体の原理に基づきその内部に入り込んで，その内部でもフィードバックが存在していることを示したい。フィードバックの循環系があれば，そのデバイスに作用する入力が，デバイスがつくられた元来の目的の量でなくてもよい。循環系の内部のいずれかの量を入力とし，いずれかの量を出力とする別用途のデバイスに転換して使えることを示唆してくれる。既存デバイスを別用途に展開できるのである。

　つぎに平行板コンデンサ，モータ，2枚の金属の接合という基本的なデバイスについてその内部のフィードバック性を考える。

4.2 平行板コンデンサの二つの顔

4.2.1 コンデンサの特性

〔1〕 **コンデンサの構造**　図 4.4 に示す平行板コンデンサについて考える。コンデンサは電気の基本素子であり，電荷を蓄える素子として扱われる。しかし，このコンデンサは機械的構造を持つ電気-機械複合システムである。このコンデンサを内部に入り込んで考えてみよう。図 4.4 の平行板コンデンサ，それぞれの極板に $+Q$ 〔C〕と $-Q$ 〔C〕の電荷が蓄えられているとする。電極板面積を S 〔m^2〕とする。電極間には誘電率 ε 〔F/m〕の気体状の物体が存在している。両電極板は間隔 d 〔m〕だけ離れるように大きさ F 〔N〕の力で支えられている。

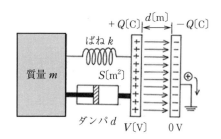

図 4.4　平行板コンデンサ

〔2〕 **コンデンサの電気・機械的性質**　このとき両電極板の電位差は V 〔V〕である。このコンデンサの静電容量を C 〔F〕とすると，静電容量，電荷，電圧の間には

$$V = \frac{Q}{C} \tag{4.1}$$

$$C = \frac{\varepsilon S}{d} \tag{4.2}$$

が成り立ち，また電極はつぎの力で引き合っている。

$$F = \frac{V}{d} Q \tag{4.3}$$

この力は極板を支える構造体において作用反作用の力としてつり合う。

電極間の電圧が V 〔V〕からわずかに e 〔V〕だけ上がったとする。このとき電極の電荷はわずか q 〔C〕だけ変化し，これに伴い電極間隔は弱い力 f 〔N〕

に引かれ，結果として電極間隔はわずかに x [m] だけ狭くなった。この状況で，これらの変化分について式 (4.1) ～ (4.3) の関係はこの変化量に対しても成り立ち，つぎのようになる。

$$V+e(t) = \frac{Q}{\frac{\varepsilon S}{d-x(t)}} = \frac{Q}{\varepsilon S}\{d-x(t)\} = V - \frac{Q}{\varepsilon S}x(t)$$

$$\therefore e(t) = -\frac{Q}{\varepsilon S}x(t) \tag{4.4}$$

$$F+f(t) = \frac{V}{d-x(t)}\{Q+q(t)\} = \frac{Q}{\{d-x(t)\}\frac{\varepsilon S}{d-x(t)}}\{Q+q(t)\}$$

$$= \frac{Q^2}{\varepsilon S} + \frac{Q}{\varepsilon S}q(t) = F + \frac{Q}{\varepsilon S}q(t)$$

$$\therefore f(t) = \frac{Q}{\varepsilon S}q(t) \tag{4.5}$$

$$q(t) = Ce(t) \tag{4.6}$$

〔3〕 **係数 $Q/\varepsilon S$ について**　式 (4.4) および式 (4.5) の係数 $Q/\varepsilon S$ は注目に値する。式 (4.4) では $Q/\varepsilon S = V/d$ となり，変位を電圧に変換しているため，この係数の単位は [V/m] である。一方，式 (4.5) では $f(t)/q(t) = Q/\varepsilon S$ となり電荷を力に変換しているため，この係数の単位は [N/C] である。式 (4.4) の係数の単位 [V/m] は電極間の間隔 1 m の電極間電位差で定義された電界の単位であり，式 (4.4) の係数の単位 [N/C] は 1 C の電荷に作用する力で，電界の強さが定義された単位である。つまり，この係数は二つの顔を持っていることになる。力学的仕事 1 Nm は電気的仕事 1 CV に等しいので，1 Nm = 1 CV より V/m = N/C となり，上記の場合と同じ単位となる。以上より，係数 $Q/\varepsilon S$ で特徴づけられるコンデンサは変位を電圧に変換するとともに，電荷を力に変換するデバイスである。

〔4〕 **コンデンサ電極板の力学特性**　式 (4.5) の力が作用することで変位する電極の質量を m [kg]，筐体部と可動電極の減衰係数を D [Ns/m]，また，ばね定数を k [N/m] とすれば，式 (4.4) の変位 x [m] と式 (4.5) の力 f [N] の間には，つぎのような関係が成立する。

$$m\frac{d^2x(t)}{dt^2} + D\frac{dx(t)}{dt} + kx(t) = f(t) \tag{4.7}$$

式 (4.4) ～ (4.7) は一つの循環系となっている。したがって，因果が循環しており，この循環システムへの外部入力として，電圧，力，変位などを加えることができる。

4.2.2 コンデンサの電圧-変位変換循環系

〔1〕 **電圧-変位変換フィードバックシステム**　いま電極間に外部電圧 $e_e(t)$ を加えたとすると，式 (4.6) はつぎのようになる。

$$q(t) = C\{e_e(t) + e(t)\} \tag{4.8}$$

式 (4.4) ～ (4.8) をラプラス変換してブロック線図を描くとコンデンサがフィードバック循環系になっていることがわかる。**図 4.5** にブロック線図を示す。

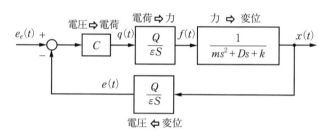

図 4.5　電圧変位変換

図 4.5 のコンデンサ循環系は電圧⇒変位変換器の変換特性を示している。この特性はコンデンサスピーカとして実現されている。電圧⇒電荷⇒力⇒変位と物理量が変換され，さらに変位⇒電圧変換の負のフィードバック構造になっている。コンデンサに影響を与えることができる量であれば，このフィードバックループのどこからでもコンデンサ内部に信号（エネルギー）を入力でき，検出可能な量であればどこからでも出力信号（エネルギー）を得ることができる。コンデンサは負のフィードバックを内在し，センサやアクチュエータとして使う場合，安定して動作する。また特記すべきは繰り返しになるが，順方向に $Q/\varepsilon S$ 〔N/C〕の係数，フィードバックに $Q/\varepsilon S$ 〔N/C〕= V/d 〔V/m〕の信号流れ系になっていることである。

〔2〕 **電圧-変位変換特性**　コンデンサの内部に立ち入らず電圧変位変換特性を全体と考える。そのため図 4.5 のブロック線図を簡約化して電圧から変位までの伝達関数を求める。

$$x(s) = \frac{1}{ms^2 + Ds + k + C\left(\dfrac{Q}{\varepsilon S}\right)^2} \cdot \frac{CQ}{\varepsilon S} e_e(s)$$

$$= \frac{1}{ms^2 + Ds + k + \dfrac{Q^2}{\varepsilon dS}} \cdot \frac{Q}{d} e_e(s) \tag{4.9}$$

伝達関数において，係数 $C(Q/\varepsilon S)^2 = Q^2/\varepsilon dS$ は，静電気力によるばね定数の特性を示している。$(CQ/\varepsilon S)\, e_e(s) = (Q/d)\, e_e(s)$ は電圧⇒力変換された力であり，この力から力学系 $1/\{(ms^2 + Ds + k + C(Q/\varepsilon S)^2\}$ を介して変位に変換されている。この伝達関数の係数を用いてつぎのパラメータを定義する。

$$\begin{aligned}
\text{固有角周波数}:\omega_n &= \sqrt{\frac{k + C\left(\dfrac{Q}{\varepsilon S}\right)^2}{m}} \\
\text{減衰係数}:\zeta &= \frac{D}{2\sqrt{m\left\{k + C\left(\dfrac{Q}{\varepsilon S}\right)^2\right\}}} \\
\text{定常ゲイン}:K &= \frac{Q}{d\left\{k + C\left(\dfrac{Q}{\varepsilon S}\right)^2\right\}}
\end{aligned} \tag{4.10}$$

これより，このコンデンサの電圧変位特性は，**図 4.6** に示す二次遅れ伝達関数で表すことができる。

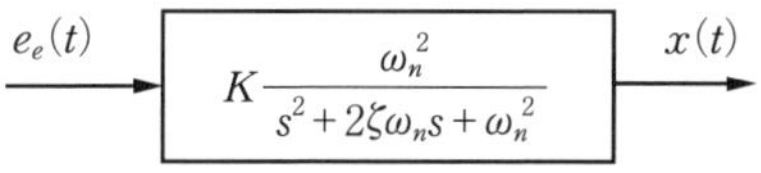

$$e_e(t) \longrightarrow \boxed{K\dfrac{\omega_n^2}{s^2 + 2\zeta\omega_n s + \omega_n^2}} \longrightarrow x(t)$$

図 4.6 電圧変位変換特性電圧関数

この特性は減衰係数 $0 < \zeta = D/(2\sqrt{m\{k + C(Q/\varepsilon S)^2\}}) < 0.5$ において振動的な特性であり，角周波数 $\omega_n = \sqrt{\{k + C(Q/\varepsilon S)^2\}/m}$ で振動する。

4.2.3　コンデンサの力-電圧変換循環系

〔1〕**力-電圧変換フィードバック系**　コンデンサの一つの電極を固定し，ほかの一つは外部から力 $f_e(t)$ を加えることで可動できる。図 4.5 のブロック線図より，入力を力とし出力を電圧とすることで**図 4.7** のブロック線図に等価変換できる。これはコンデンサを力⇒電圧変換デバイスとして用いる

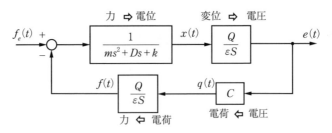

図 4.7 力電圧変換

場合のブロック線図である.コンデンサマイクロホンがこの代表的な使用法である.加速度×質量＝力を入力する利用法は静電容量型加速度センサである.

〔2〕 **力-電圧変換特性**　この力-電圧変換特性も電圧-変位変換の場合と同様に,図4.7のブロック線図を簡約化して全体の伝達関数から求めることができる.

$$定常ゲイン：K = \frac{Q}{\varepsilon S \left\{ k + C \left(\frac{Q}{\varepsilon S} \right)^2 \right\}}$$

とすると図4.6と同じ伝達関数になる.定常ゲインで $1/\{k+C(Q/\varepsilon S)^2\}$ の項は力をばね定数で割って変位に変換している.$Q/\varepsilon S$ 〔N/C〕＝ V/d 〔V/m〕であり,変位を電圧に変換する係数である.動的特性は電圧-変位変換と同じである.

4.2.4　コンデンサの変位-電圧変換循環系

〔1〕 **変位-電圧変換フィードバック系**　変位を電圧に変換する.可動電極を外部から $x_e(t)$ だけ変位させる.この特性は**図4.8**に示すブロック線図で与えられる.ループ内の伝達関数は図4.5や図4.7と同じである.入力は変位,出力は電圧となる.

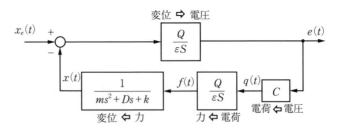

図 4.8　変位-電圧変換

〔2〕 **変位-電圧変換特性**　この特性は**図4.9**に示す変位-電圧変換伝達関数で与えられる。この特性は変位センサとして使える。

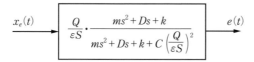

図4.9　変位-電圧変換伝達関数

この特性は分子の項で，角周波数 $\omega_n = \sqrt{k/m}$ の特性の逆振動特性，分母の項で角周波数 $\omega_n = \sqrt{\{k + C(Q/\varepsilon S)^2\}/m}$ の共振特性を持つ。

以上，単に電気を蓄えるコンデンサはつぎのような物理変換デバイスとして機能する。

① 電圧⇒変位
② 力⇒電圧
③ 変位⇒電圧

4.2.5　ピエゾデバイスの二つの顔

● 内部電荷発生型コンデンサのピエゾデバイスのフィードバック

図4.10に，平行板型のピエゾデバイスの特性を表すブロック線図を示す。静電容量においては，係数 $Q/\varepsilon S$ 〔N/C＝V/m〕が二つの顔を持っており，双方向への変換の係数であった。ピエゾデバイスでは圧電率またはピエゾ定数と呼ばれる係数が二つの顔を持つ。ピエゾデバイスは，応力〔N/m²〕を加えることによって電気分極し，その変化は〔C/m²〕の単位で与えられる。またピエゾデバイスに電界〔V/m〕を加えることによってひずみが生じる。ひずみは無次元量である。いまこの係数の単位を〔D〕とすると，〔D〕×〔N/m²〕＝〔C/m²〕となり，〔D〕＝〔C/N〕となる。また電界からひずみの変換の関係より〔D〕×〔V/m〕＝無次元であることより，〔D〕＝〔m/V〕となる。

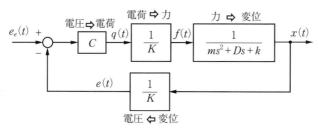

図4.10　ピエゾデバイスの電圧特性

これらはそれぞれ静電容量における係数 $Q/\varepsilon S$ の逆数であり，この係数はピエゾデバイスの電極板面積を S，誘電率を ε，デバイスの電荷を Q，圧電率あるいはピエゾ定数を K とすると，この値は $K=\varepsilon S/Q$〔C/N＝m/V〕で与えられる。ピエゾデバイスのキャパシタンスを C とすると，コンデンサのブロック線図とまったく同じでピエゾ係数 K を用いて $Q/\varepsilon S=1/K$ とすればよい。ピエゾデバイスを用いたブザーなどの電圧から電極の変位特性は図4.10のようになる。ピエゾデバイスは，電荷が蓄えられているコンデンサとまったく同じであるが，ピエゾデバイスの場合，大きな電圧変位特性，その逆特性を持っている。

4.3 磁石と導体からなるデバイスの二つの顔

4.3.1 電　動　機

〔1〕**磁石と導体からなるシステム**　図4.11に示すように，磁界の中にある固定導体（コイル）と可動導体からなるシステムを考える。磁界の磁束密度を B〔T＝Wb/m²＝N/(Am)〕と導体の磁界を切る部分の長さを L〔m〕，また導体の抵抗を R〔Ω〕とする。磁界の向きと導体の向きは直角とする。

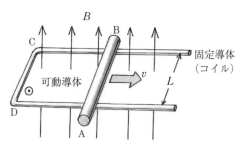

図4.11　磁界と導体

コンデンサにおいて係数 $Q/\varepsilon S=V/d$ であり，これらの単位は〔N/C〕＝〔V/m〕であった。これらの単位を時間の単位sで割ると，〔N/(C/s)〕＝〔V/(m/s)〕，あるいは〔N/A〕＝〔V/(m/s)〕となる。係数 BL の単位は〔N/A〕であり，これは〔V/(m/s)〕となる。すなわち，係数 BL は二つの等価な単位を持つ。BL〔N/A〕の場合には，導体に1Aの電流を流せば，BL〔N〕の力が発生することを意味し，BL〔V/(m/s)〕の場合は，導体が1m/sの速さで移動すれば BL〔V〕の電圧を発生することを意味する。コンデンサにおける係数 $Q/\varepsilon S$ と同様に，異なった物理変換の係数となっている。

〔2〕 **電動機特性** いま，図4.11の導体の質量を m 〔kg〕，可動導体がコイルを移動する際の摩擦係数を D 〔N/(m/s)〕とし，可動導体にはばね定数 k のばねがついており，移動距離に比例した復元力が作用するとする。コイルに外部から電圧 $e_e(t)$ を加えたとき，導体に電流 $i(t)$ が流れ，導体を流れる電子にローレンツ力が作用し，導体全体に $BLi(t)$ の力が発生することで導体は運動をはじめる。その速度を $v(t)$ とすると，ファラデーの電磁誘導により $e(t)=BLv(t)$ の外部電源と逆向きの電圧 $e(t)$ が発生する。このことを方程式で表してみる。

$$e_e(t) = Ri(t) + BLv(t) \tag{4.11}$$

$$f(t) = BLi(t) \tag{4.12}$$

$$m\frac{d^2 x(t)}{dt^2} + D\frac{dx(t)}{dt} + kx(t) = f(t) \tag{4.13}$$

原因となる変数を左辺に，結果となる変数を右辺にくるように整理すると，式 (4.11) は電圧を加えた結果，電流が流れたと考えられ，つぎのように書き換えられる。

$$i(t) = \frac{1}{R}\{e_e(t) - BLv(t)\} \tag{4.11}'$$

また，式 (4.13) において速度 $v(t)$ を導入して1階の連立常微分方程式で表すとつぎのようになる。

$$\frac{dx(t)}{dt} = v(t) \tag{4.13}'$$

$$\frac{dv(t)}{dt} = \frac{1}{m}\{-dv(t) - kx(t) + f(t)\}$$

〔3〕 **電動機のブロック線図** 式 (4.11)′，式 (4.12)，式 (4.13)′ をラプラス変換してブロック線図で表現する。

図4.12のブロック線図で係数 BL は電流⇒力変換と速度⇒電圧変換の役割

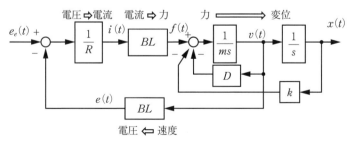

図4.12 電圧変位変換ブロック線図

を演じ，この二つの変換機能はフィードバック系を構成する。この電圧⇒変位変換はムービングコイル型のラウドスピーカの原理になっている。

〔4〕 **電動機の特性**　この電圧から変位までの伝達関数は，図4.12のブロック線図を簡約化して**図4.13**のようになる。

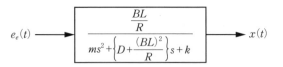

図4.13　電圧変位変換伝達関数

この伝達関数の分子の係数は，（入力電圧$e_e(t)$／電気抵抗R）×係数BLで入力電圧を力に変換しており，分母は一般化されたばね定数（力学的なインピーダンス）である。したがって，分子の力をばね定数で割ることで，変位となっている。磁石とコイルは電圧⇒変位変換だけではなく，力学系のダンパにも影響を及ぼし，ダンパは$D+\{(BL)^2/R\}$となる。導体のばねを外した場合，図4.12において$k=0$となる。外部電源$e_e(t)$が直流の場合，電圧投入後しばらく経つと一定速度となり，変位は直線的に増加する。図4.11の導体を乗せるコイルと磁界が無限に長い場合，無限彼方まで移動する。

〔5〕 **回転式電動機**　以上はリニアモータの原理であるが，これを回転運動で実現したものは回転式電動機である。導体が回転運動するような構造にすれば，回転円内でくるくる回る。ばねを外し質量Mを負荷とし，外部電源から導体の速度までのブロック線図を求めると，図4.12より**図4.14**のようになる。

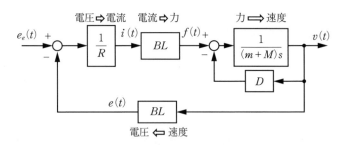

図4.14　電圧変位変換ブロック線図

〔6〕 **回転式電動機の特性**　このブロック線図を簡約化して伝達関数を求めると図4.15のようになる。

4.3 磁石と導体からなるデバイスの二つの顔　69

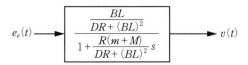

図 4.15　モータの電圧速度の関係

外部電源 $e_e(t)$ に電圧 E〔V〕をステップ状に印加すると，速度は図 4.15 の伝達関数より

$$v(t) = \frac{BL}{DR+(BL)^2} E \left\{ 1 - \exp\left(-\frac{DR+(BL)^2}{R(m+M)} t \right) \right\}$$

となり，電圧印加後十分時間が経てば，速度は一定値 $[BL/\{DR+(BL)^2\}]E$ となり，速度調整が行われる。これは図 4.14 のブロック線図のフィードバックによりモータ内部で自動制御していることによる。

4.3.2　発　電　機

〔1〕**発電機としてのブロック線図**　このデバイスにおいて，導体を外部に力で押しそのとき発生する電圧がどのようになるかを考えよう。ここでは発電機には負荷抵抗 R_L が接続されているものとする。図 4.14 のブロック線図において力の項に外力 $f_e(t)$ を加えるとブロック線図は**図 4.16** のようになる。

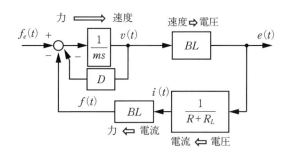

図 4.16　力-電圧変換ブロック線図

〔2〕**発電機特性**　発電機としての特性は**図 4.17** の伝達関数で与えられる。

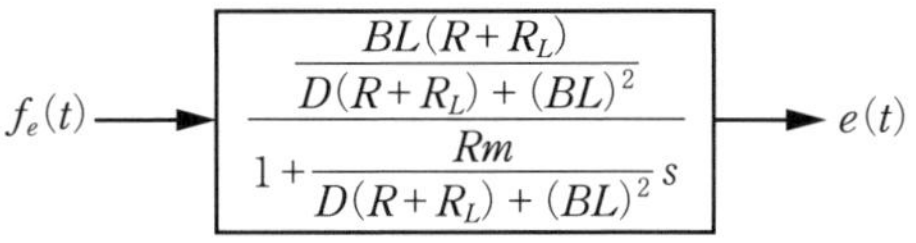

$$f_e(t) \rightarrow \boxed{\dfrac{\dfrac{BL(R+R_L)}{D(R+R_L)+(BL)^2}}{1+\dfrac{Rm}{D(R+R_L)+(BL)^2}s}} \rightarrow e(t)$$

図 4.17　発電機の力-電圧の関係

4.4 接合金属（半導体）の二つの顔

4.4.1 熱電現象

〔1〕 **金属や半導体に温度こう配と高温–低温端間に電位差**　熱電現象について考える。2種類の金属あるいは半導体を接合するデバイスである。

図 4.18 に示すように，金属や半導体の内部の自由電子は電荷と同時に熱エネルギーを運ぶ。これらの内部に温度こう配があると，高温から低温に熱が移動することに伴い電子が移動するため，これらの高温側と低温側に電位差が生じる。

高温部の自由電子は熱エネルギーを得て運動し，温度の低いほうへ移動する。これにより低温部の電子密度が大きくなり，図 4.18 のような電位こう配が発生するのである。

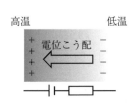

図 4.18　金属や半導体に温度こう配を与える高温–低温端間に電位差が現れる熱電現象

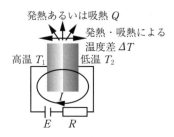

図 4.19　2 種類の異なった金属あるいは半導体を接合したデバイス

〔2〕 **2 種類の金属あるいは半導体の接続**　いま，図 4.19 に示すように 2 種類の異なった金属あるいは半導体を接合して左側を高温で熱し，右側を低温で冷やす場合と，左右の金属あるいは半導体に内部抵抗を持つ電源を接続して電流を流す場合の 2 通りを考える。これらの場合，2 種類の金属や半導体の熱電現象特性が異なるため，その差よりそれぞれの場合において温度–電圧，電圧–温度の変換の結果が外部から取り出せる。同一金属や半導体の場合，この差は 0 となり外部には表れない。

〔3〕 **ゼーベック効果，ペルチェ効果およびトムソン効果**　このデバイスにおいてゼーベック効果，ペルチェ効果およびトムソン効果と呼ばれる 3 種類の熱電現象が発生している。

[**ゼーベック効果**]　ゼーベック効果とは，図 4.19 の 2 種類の金属あるいは半導体の接合面において，温度差にほぼ比例する（厳密には 2 乗項の小さな

2次曲線）電位差が生じる現象である。

〔ペルチェ効果〕　ペルチェ効果とは，図4.19のように電流を流すと，2枚の金属あるいは半導体の接合面において，電流の方向により発熱あるいは吸熱する現象である。この熱量の時間変化分は電流に比例し，この比例係数πはペルチェ係数と呼ばれる。ペルチェ係数はゼーベック係数に2枚の金属あるいは半導体の置かれる空間の絶対温度を掛けた係数である。

〔トムソン効果〕　トムソン効果とは，図4.18のような温度こう配のある金属あるいは半導体に電流を流すと，電流に比例したジュール熱とは異なる，単位時間当りの発熱あるいは吸熱が発生する効果である。

4.4.2　熱電現象のモデル

〔1〕 **定数と変数**

E〔V〕：電源電圧，　I〔A〕：電流，　T_1〔K〕：高温温度，

T_2〔K〕：低温温度，　T $(T_1 \approx T \approx T_2)$〔K〕：絶対温度，

v〔V〕：ゼーベック効果により発生する起電力，

Q〔J〕：ペルチェ効果で発生する熱量，　t〔s〕：時間，

ΔT〔K〕：ペルチェ効果で発生する熱量による接合部温度差，

a〔V/K〕：ゼーベック係数，　π〔K〕：ペルチェ係数，

m〔kg〕：熱伝導部の質量，　c〔J/(kg℃)〕：熱伝導部の比熱，

τ〔s〕：熱伝導部の熱放散時定数。

〔2〕 **モデル**　このデバイスのモデルは，電気回路と2枚の異種の金属あるいは半導体で発生するゼーベック効果，ペルチェ効果および熱量と温度の関係から構築できる。

〔電気回路部〕

$$\text{オームの法則}：I = \frac{E+v}{R} \tag{4.14}$$

〔熱電現象〕

$$\text{ゼーベック効果}：v = a(T_1 - T_2) - a\Delta T \tag{4.15}$$

$$\text{ペルチェ効果}：\frac{dQ}{dt} + \frac{Q}{\tau} = \pi I \tag{4.16}$$

$$\text{ゼーベック係数}：\pi = aT \tag{4.17}$$

$$\text{熱量と温度差}：\Delta T = \frac{1}{mc} Q \tag{4.18}$$

式 (4.14) はオームの法則そのものである。式 (4.15) は，左右両端の温度差 T_1-T_2 によりゼーベック効果で発生する起電力から，この起電力で流れる逆向き電流に伴うペルチェ効果での吸熱分に対応するゼーベック効果で発生する起電力を差し引いた電圧である。この式がフィードバック系を構成する。式 (4.16) は，接合部に電流 I が流れると，ペルチェ効果より dQ/dt〔W〕の熱量が発生する。熱の放散がない場合には熱放散時定数は $\tau=\infty$，すなわち無限の時間をかけて熱が放散すると考えることができ，Q/τ を無視して公式どおり $dQ/dt=\pi I$ となる。そのためにはデバイスの完全断熱が必要で，これはあり得ない。

〔3〕 **電圧温度差変換のブロック線図**　式 (4.14)〜(4.18) をラプラス変換して，電源電圧を入力，接合部の温度差を出力とする電圧−温度変換（ゼーベック効果）のブロック線図を構築する（**図 4.20**）。

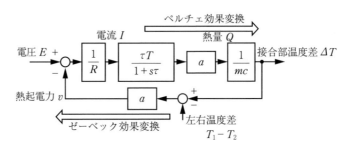

図 4.20　図 4.19 のデバイスにおけるゼーベック効果モデル

〔4〕 **電圧温度差特性**　式 (4.14)〜(4.18) あるいは図 4.20 のブロック線図より，接合部温度差はつぎの伝達関数で与えられる。

定常状態における接合部温度差は

$$\Delta T = \frac{\tau T a \left(\dfrac{1}{mc}\right)}{R + \tau T a^2 \left(\dfrac{1}{mc}\right) + R\tau s} \{E - a(T_1 - T_2)\}$$

となり，外部から与えられる左右の温度差がなく，断熱され熱放散がほとんどない場合，すなわち，$\tau=\infty$ の場合には

$$\Delta T = \frac{\tau T a \left(\dfrac{1}{mc}\right)}{R + \tau T a^2 \left(\dfrac{1}{mc}\right) + R\tau s} E \approx \frac{1}{a} E$$

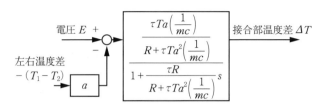

図 4.21　接合部温度差 ΔT と入力電圧および左右温度差 $T_1 - T_2$

となる（**図 4.21**）。

〔5〕 **温度差起電力変換のブロック線図**　つぎに 2 枚の金属あるいは半導体の左右に与える温度差を入力，異種の物質からなる 2 枚の板の間の電圧を出力とする温度-電圧変換（ペルチェ効果）のブロック線図を構築する（**図 4.22**）。

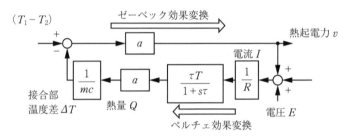

図 4.22　図 4.19 のデバイスにおけるペルチェ効果モデル

〔6〕 **温度差起電力変換特性**　図 4.22 を簡約化して，温度差から起電力までの特性を調べる。

定常状態における接合部電圧は**図 4.23** のように与えられる。

$$v = \frac{R}{R + \tau T a^2 mc} \{ E - a(T_1 - T_2) \}$$

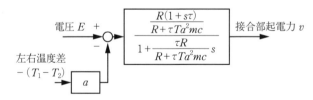

図 4.23　入力電圧と左右温度差 $T_1 - T_2$ 接合部起電力

5 創造性トレーニングの課題一覧

　本書では「創造性は天賦の才ではなく，いくつかの方法を学びそれを繰り返しトレーニングし努力することによって習得できる」という立場をとっている。創造性に関わる心の変容については1章で述べ，1章の実践論は2章で紹介した。ここでは，繰り返しトレーニングし努力する課題を紹介する。課題は著者の関心事や専門性により最適なものがあろう。ここでは，筆者らが研究課題として取り上げてきた事例について紹介することにした。ここで紹介する課題にヒントを得て，読者の経験から思いつくシーズが与えられそれを展開する課題，不足を感じニーズをつくり出し，そのソリューションを与える課題を自らつくり上げていただきたいと思っている。

5.1　シーズからニーズへの展開のためのトレーニング課題

　1章で述べたように，既存デバイスというシーズからニーズに展開するためには拡散的に思考されなければならない。そのために既存デバイスが元来展開されると思い込まれている「心の構え」を解放し，この「既存デバイスの機能を固定的に捉える」ことから脱却しなければならない。シーズがいくつかの要素からなるシステムの場合には，そのシステムを要素分解して要素の特性を十分理解したうえでシステムを再構築することが，システムの機能固定化から脱却する方法の一つである。またシーズからのニーズへの展開は唯一ではない。解が複数ある問題なのである。そこには発想者の個性が入り込む余地が残されている。

　心理学的に上記のようなことがわかったとして，それではどのようにしてシーズからニーズへ展開する能力をつけるか，じっとしていても埒が明かない。ダンベルを繰り返し上げて筋肉を鍛えるように，また英語習得のために簡単な英語の文章を多読して脳の言語野に英語の文法と語彙を刷り込むように，できるだけ多くのシーズからニーズの展開例に触れ納得し，あるいは批判して鍛えるしかない。本章の創造性トレーニング一覧はこの訓練の手助けのためのものである。ここでは，身近なシーズと筆者らが思いついた事例を示している。これは一例にしかすぎないが，つぎのようなものを紹介してある。

【シーズ 1】　ペットボトル利用　天ぷら廃油回収器（初級）
【シーズ 2】　ペットボトル利用　猫の自動餌やり器（初級）
【シーズ 3】　ペットボトル利用　害虫の捕獲器（初級）

5.1 シーズからニーズへの展開のためのトレーニング課題

これらは使用済みペットボトルをシーズとしてその再利用法を考えるものである。現代社会では当たり前に捨てているものであるが，自らを，不足を感じる事態，例えば自らをサバイバルの状況におき弥生時代に生きる人間と想像してみると，ペットボトルは素晴らしい容器に思える。この視点からさまざまな展開が考えられるであろう。

【シーズ 4】 ラウドスピーカ利用　マイクロホンとしての活用（中級）
【シーズ 5】 ラウドスピーカ利用　カーオーディオスピーカによるセキュリティ応用展開（中級）
【シーズ 6】 ラウドスピーカ利用　AV機器に搭載されるスピーカを屋内セキュリティセンサ化する（中級）
【シーズ 7】 ラウドスピーカ利用　異音発生場所の推定（中級）
【シーズ 8】 ラウドスピーカ利用　ゴルフスイング速さの非接触計測（中級）

これらはラウドスピーカの応用である。4.3節の「磁石と導体からなるデバイスの二つの顔」で述べたように磁石と導体からなる系にはフィードバック制御が内在しており，これらによってつくられる電動機は，同時に発電機でもあった。ダイナミックスピーカであるとともにダイナミックマイクロホンでもある。この機能を使用した展開事例である。

【シーズ 9】 ターンバックル利用　小型装置で質量を等価的に大きくする機構（上級）
【シーズ 10】 乾電池利用　必要なときに目覚める一次電池（中級）
【シーズ 11】 ぜんまい利用　ぜんまいばね発電（初級）

これらは身の回りにある機械部品の活用である。ホームセンターに行けばいくらでも転がっている部品である。ホームセンターにはなにか必要なものを買いに行くが，無目的にホームセンターをブラブラし，置かれている部品の活用を考えることはじつに楽しい（発明のプロとしては疲れる）。

【シーズ 12】 マイクロホン利用　マイクロホンの極低周波領域における超高感度圧力センサ化（上級）
【シーズ 13】 マイクロホン利用　火災，侵入，地震，光検出型総合セキュリティセンサ（上級）
【シーズ 14】 マイクロホン利用　ゴルフヘッドアップセンサ（中級）
【シーズ 15】 マイクロホン利用　無拘束ベッドセンシング（上級）
【シーズ 16】 マイクロホン利用　ユビキタス医療センシング（中級）
【シーズ 17】 マイクロホン利用　スマートホン端末搭載指向性マイクロホンによる

生体計測（上級）

【シーズ 18】 マイクロホン利用　マイクロホンの加速度センサ化（中級）

これらはシーズとしてのマイクロホンを利用した展開である。音響センサであるマイクロホンは，そのままではなんでもないものに見えるが，圧力センサとして見直せば，これはすごい。マイクロホンは 2×10^{-5} Pa まで計測できる。圧力センサの世界では考えられない超高感度である。この世界で最高感度の圧力センサはいいところ 1 Pa 程度である。このように音響センサを圧力センサと見ればさまざまな展開が思いつく。

【シーズ 19】 シリコンマイク利用　不完全燃焼センサ（上級）

最近，マイクロホンはシリコンでつくられ，シリコンマイクが主流となってきた。これは興味ある特性を持つ。シリコンマイクは半導体でつくられ，半導体における光電効果で光にセンシティブである。半導体は一般に光にセンシティブであるがゆえにそれを遮るために黒いプラスティックケースに収納されている。シリコンマイクは音圧を捉えるために半導体を露出しなければならず，図らずも光センサとしての機能を持っている。

【シーズ 20】 圧電デバイス利用　パイプの外から測る流量計（上級）
【シーズ 21】 圧電デバイス利用　楽器胴体を利用する音の再現型ラウドスピーカ（中級）
【シーズ 22】 圧電デバイス利用　自動車用サウンドアクチュエータ（中級）
【シーズ 23】 圧電デバイス利用　ベッドに寝る人の寝返り方向，脈拍，呼吸計測（上級）
【シーズ 24】 圧電デバイス利用　自動車に隠れている人の検知（上級）

これらは身近な圧電ブザーとして使われているものである。この原理を利用したものとして圧電アクチュエータ，フィルタなど多様である。この原理は 4.2 節の平行板コンデンサの二つの顔で述べたように，フィードバック制御が内在している。これよりフィードバックループの循環系のどこに入力し，どこを出力にするかでさまざまな用途が考えられる。力学的な歪みを加え電圧を得る，あるいは電圧を加え歪ませることを基に事例を紹介してある。

【シーズ 25】 うず笛利用　流量計機能（中級）
【シーズ 26】 うず笛利用　うず笛の流量計の呼気流量計（上級）
【シーズ 27】 ホイッスル利用　ホイッスル要素の流量計としての機能（上級）

これらは笛の応用である。笛は流体力学を基礎に力学的に解明するには難しいデバイスである。ここではあまり馴染みがないかもしれないが，吹き込む息の流量で音の高さが変化する。このうず笛を流量計として活用する方法と通常のホイッスルを分解するとある部分は，優れた流体振動型の流量計にあることに注目した展開を紹介している。

【シーズ 28】 電波チューナ利用　自動車対地速度計（上級）

　これは電磁波の活用である。電磁波を発生させるとその周波数の1/4波長ごとに電磁波の強弱が空間に現れる。放送局から送られる電磁波の周波数は一定であり，放送局の電磁波ごとに空間に一定間隔の電磁波強度パターンをつくっている。この現象を活用した考え方と方法を述べている。

【シーズ 29】 圧力調整器利用　圧力調整器からのエネルギー回収（上級）
【シーズ 30】 油圧機器利用　アースドリル工法における N 値判定法（中級）

　これらはその道のプロしかわからないような事例である。【シーズ 29】の圧力調整器はタンクなどに蓄えられる高圧ガスを利用する場合，圧力を下げ一定圧にして利用することとなる。高圧を低圧に落とすときにタンクに詰め込み高圧にしたときのエネルギーを捨てていることとなる。これを回収するアイデアである。【シーズ 30】のアースドリルとは建物の杭を地面に打ち込むときに地面に杭の長さの穴を地面に開ける。これは油圧系を用いることとなる。地面の固さは N 値で評価される。油圧系で駆動するとき固い地面に穴を開けると大きな負荷がかかる。この負荷は油圧系の圧力を計測すればわかる。N 値と油圧系の圧力はなんらかの関係があり，この関係より穴を開けながら地盤の固さを評価しようとするものである。

　以上が事例一覧の内容である。これらの事例はただそのまま受け止めてもらうための事例ではない。この事例は，1.2節の創造性の心理学で述べたアナロジーや連想におけるベース領域の事例とそのターゲット領域の一例を示したのにすぎないのである。これらの事例は発想の出発点にしてもらうためのものである。アナロジーのベース領域のシーズとしての既存デバイスから多くのターゲットが思いつくであろう。一つのターゲットが思いつけば，そこから連想ができ，つぎつぎと展開が考えられるはずである。そのために各事例には課題を設定してある。まさにトレーニングのメニューである。とりあえずこの課題にチャレンジしてみてほしい。この課題では物足りない場合には自ら課題を創造し，その解をつくってほしい。これにより，頭の中でなにかが動き始めるはずである。

【シーズ1】 天ぷら廃油回収器（初級）

シーズ：使用済みペットボトル

展開例：使い捨て容器であるペットボトルを容器として再利用する。利用法は数限りないが，ここではエコに寄与する再利用を考えたい。図1に示すように，ペットボトルのキャップ2個の頭部を接着剤で張りつけ（①），その張りつけた部分に直径5mm程度の穴を開ける。ペットボトル1本を半分程度に切り（②），張りつけたキャップ①の一方にねじ込む。片方を収納容器として使うペットボトル③にねじ込む。半分に切ったペットボトルを漏斗として使う。コーヒーフィルタ④を漏斗の中に敷き，冷えた廃油となる天ぷら油を流し込む。満タンになったらキャップをして保管する。このような廃油入りペットボトルを回収して若干の製錬を行い，ディーゼルエンジンの燃料とするエコ循環システムを構築する。

図1

［課題］ この廃油回収容器は簡単な工具と接着剤で子供でもつくれる。この簡易性を武器として，廃油を再利用する個人，行政，廃油回収業者，廃油再利用業者のネットワークとその運用法からなるエコシステムを考えなさい。

【シーズ2】 猫の自動餌やり器（初級）

シーズ：使用済みペットボトル

展開例：この課題も使い捨てペットボトルを容器以外のものに展開する事例である。この事例は自宅で猫を飼っていて，留守中の猫へ餌をやることの困難さを解消したいという不足の感知から展開を考えた。2本のペットボトルを組み合わせる。図1に示すように，一つのペットボトル①の側面2か所を切り取り，切り口を上に水平に置く。頭部を切り取ったペットボトル②を①の一方の切り口にはめこむ。このペットボトル上部に穴を開けて餌入れの穴③とする。一部の餌が水平に置いたペットボトルに崩れ落ち，①のもう一方の切り口から猫がそれを食べる。食べた分，重力により餌が崩れ落ち餌が自動で供給される。

図1

［課題］ この餌やり器を実際つくり，例えば植物の給水器などほかの用途への展開を考えよ。

5.1 シーズからニーズへの展開のためのトレーニング課題

【シーズ3】 害虫の捕獲器（初級）

シーズ：使用済みペットボトル

展開例：害虫の駆除や小魚の捕獲に展開してみよう。図1に示すようにペットボトル上4分の1部分を切り，それを残った部分に逆にはめ込み隙間部をビニールテープで塞ぐ。このペットボトルの内部に害虫の好む匂いのするものを入れる。匂いに誘われ入り込んだ害虫はペットボトル容器を上り隙間で止まって，多くは逃げられなくなる。これは釣り餌を内部に入れ水中に沈めておくと魚の捕獲器となる。餌に釣られた魚がペットボトル中に入り，外に出ることができなくなる。ただしこれを使用する場合には，河川の魚を管理する漁協の定めるルールに従い乱獲を避けること。

図1

【課題】 この捕獲器を実際につくり試してみよ。そのうえでさらなる工夫と別分野の展開を考えよ。

【シーズ4】 マイクロホンとしての活用（中級）

シーズ：カーオーディオスピーカ（ラウドスピーカ）

展開例：自動車内の静粛化に伴い車内は音楽を楽しむ空間の一つとなっている。ただ音楽やラジオを聴くだけのためではもったいないくらいのハイパワーな大型スピーカが車載されている。この利用を考えよう。

カーオーディオにはダイナミックスピーカが用いられている。このスピーカは磁石とコイルからなり，Bli則からコイルに流す電流で力を発生し，コーン紙を駆動する。一方でこのシステムは4.3節で紹介したようにフィードバック系となる。逆にコーン紙が振動すると，Blv則より，その速度に比例した電圧が発生する。つまりマイクロホンとして機能することを意味する。

【課題】 ラウドスピーカにはダイナミックスピーカ，コンデンサスピーカ，圧電スピーカなどがある。カーオーディオではダイナミックスピーカが主流である。自動車は軽量化に力を入れているが，このスピーカは磁石を使っているため重い。またスピーカがドアの足元にあり耳元から遠い。したがって大きな電力で駆動せざるを得ない。小型・軽量・省電力カーオーディオを原理から考え直せ。

【シーズ5】 カーオーディオスピーカによるセキュリティ応用展開 （中級）

シーズ：カーオーディオスピーカ（ラウドスピーカ）

展開例：ダイナミックスピーカはスピーカとマイクロホンの両方の機能を持っている。また，マイクロホンは，音声だけでなく，もっと低い周波数の振動を検知する振動センサの機能も持っている。この機能を利用したカーセキュリティ展開を考えよう。

スピーカは振動センサの機能も持っている。感度は高く，自動車のドアに触れたり，ボンネットを押したりして少しでも揺らすだけでその振動を検出する。これにより，自動車に触れたり移動したりしようとすると，それを検知し自動車のセキュリティセンサとして機能する。さらにこのセンサで異変を検知した場合，スピーカとしての機能を使いサイレン音などの警告音を発生すれば，一つの閉じたセキュリティシステムとなる。これらはカーオーディオの回路に簡単な回路を付加するだけで済む。余計なハーネスは不要となる。

［課題］ カーオーディオ用ダイナミックスピーカの物理モデルをつくりなさい。自動車安全走行に必要となる，車体の回転速度をドアに作用する遠心力から計測する方法は考えられるか。

【シーズ6】 AV機器に搭載されるスピーカを屋内セキュリティセンサ化する （中級）

シーズ：家庭用オーディオスピーカ（ラウドスピーカ）

展開例：カーオーディオスピーカをシーズとする技術的水平展開の課題を2例述べた。ラウドスピーカはわれわれの身の回りに多くある。家庭用オーディオスピーカの展開について考えてみよう。

ラウドスピーカは，自動車だけでなくわれわれの生活空間の至るところにある。ラジオ，テレビやインターホンなど，一般家庭でも数台のラウドスピーカが点在している。ラウドスピーカは，物理的にはBli則とBlv則の両法則が適用でき，後者はマイクロホンや振動センサの機能を担保している。元来，音や振動が発生しない状況での異音や異常振動を検知した場合，アラーム警告音を警報として鳴らせば，セキュリティシステムが構築できる。家庭用オーディオスピーカは音の発生器として最適化されており，マイクロホンや振動センサとしては，感度は十分でないかもしれない。しかし，正確な音や加速度を計測するわけではないため，セキュリティ目的のセンサとしては十分であろう。

［課題］ 場所を想定して，スピーカのマイクロホンおよび振動センサ特性を利用した展開を考えよ。

【シーズ7】 異音発生場所の推定（中級）

シーズ：3か所以上の場所に設置済みの放送用ラウドスピーカ

展開例：工場や学校などの施設には施設内放送設備がある．放送のためのラウドスピーカが各所に設置され，その位置は特定されている．このスピーカは管理センターなどからの放送のためにあり，スピーカと管理センターはつながっている．この設備を使用してその施設内で発生する異常音を捉える．

ラウドスピーカはマイクロホンとしても使えるため，周辺の音を捉えることもできる．施設内で爆発などの異常音が発生した場合，これらのラウドスピーカにより，その音を捉えることを考える．**図1**に示すように，3か所以上にラウドスピーカが配置された状態で異常を検知した場合，地震震源を特定する方法で異音発生場所が特定できる．すでに配置されている設備であるので，判定のための回路を入れ込むだけで済む．**図2**に，大学キャンパス内でゴルフのボールをドライバーで打ったときの音，これを異常音としたときの波形を示す．定常的な波形の中に高周波音が混じっているゴルフボールショット音である．これらの音の相互相関係数で同じ音を取り出し，音の到来時間差を計算する．これらの音の到来時間差から音の発生場所が推定できた．場所は20m程度離れた場所で0.1m程度の誤差である．

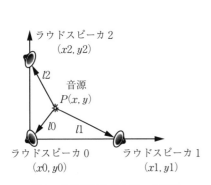

図1 放送用ラウドスピーカ設置

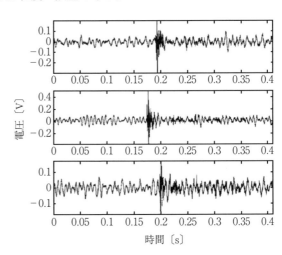

図2 三つのラウドスピーカで検知した爆発音

［課題］ ラウドスピーカのマイクロホンとしての特性を調べよ．どのようなラウドスピーカがマイクロホン機能として優れているか．

【シーズ8】 ゴルフスイング速さの非接触計測（中級）

シーズ：通常のスピーカとマイクロホン（ラウドスピーカ）

展開例：ゴルフヘッドのスピードの計測器は従来より簡単なものがある一方で，ゴルフヘッドの入射角を計測する方法は大規模な高速画像処理が必要である。ここでは通常のスピーカとマイクロホンを使ってこれら両方が計測できる方法を考えてみたい。通常のスピーカ，マイクロホンを利用したのは，結果の速さ，進入角度を音でアナウンスするのに併用するためである。

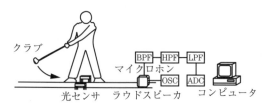

図1 ゴルフクラブヘッド速さと角度計測

図1のようにゴルフクラブの前方にスピーカとマイクロホンを設置する。マイクロホンは超音波受信素子として利用し，ドップラー周波数から速さ，スピーカの指向性からクラブヘッドの進入角度を推定する。音源から一定周波数の音を発生させると，その音波によって空間にはある音場が発生する。図2に示すように，この音場の中に物体を置くと，音源と物体の間には定在波が生じる。物体が移動すると，ある点における音圧の振幅は，1空間周期を移動することにより1周期変化する。つまり，音圧の振幅の変化の周波数が物体の移動の速さに対応する。この周波数を計測することにより，物体の移動の速さを測定する。スピーカから30 kHzの音を出し，マイクロホンで計測する。図3はスピードメータとしての特性であり，30 m/s程度まで計測でき，誤差範囲は±1 m/s以内である。図4にマイクロホン出力を示す。クラブヘッド面がスピーカに平行であると反射が大きく振幅が大きくなる。これよりクラブ面の角度が推定できる。

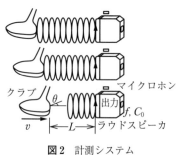

図2 計測システム

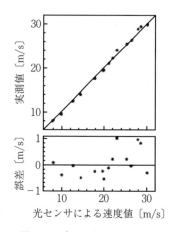

図3 スピード計としての精度

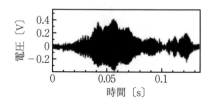

図4 マイクロホン出力波形

［課題］ このシステムを具体的に設計せよ。

【シーズ9】 小型装置で質量を等価的に大きくする機構（上級）

シーズ：ターンバックル

展開例：図1にターンバックルを示す。これは締めつけ器の一つであるが，今回は締めつけ器ではなく回転機構として活用する。展開分野は質量変換である。「質量を等価的に大きくする」目的ではテコの原理を用いて実現できるが，広い空間が必要となる。この機能をコンパクトな機構に収める。この基本発想は回転テコというべきねじである。ねじナットを固定してボルト一回転に対してボル

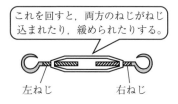

図1 ターンバックル

トが併進移動する変位は小さくできる。ターンバックルは，右ねじと左ねじを回し，ねじの摩擦力で締めつけを保持するものだが，ねじのピッチを大きくして摩擦の少ない素材でねじをつくり，保持機構をなくすことで，併進運動から回転運動を得る機構をつくることができる。これによりわずかだった左右のボルトの併進変位は円変位では長くなる。この機構は，併進変位-回転変位のテコとなる。いまターンバックルの回転運動の慣性モーメントを併進運動の質量として使う。このときターンバックルの右ねじと左ねじの間にある質量は大きなものに変換できる。ターンバックルのねじの摩擦を0とし，ターンバックル回転部を半径a，量Mの円柱とし，左右のねじのピッチをpとする（図2）。このとき左右のねじの軸を引っ張ったり押したりする力に対する慣性質量はつぎのように計算できる。

$$M_E = M\left\{2\left(\frac{\pi a}{p}\right)^2\right\}$$

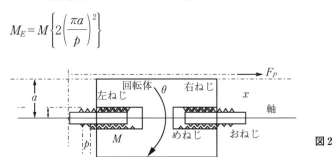

図2

回転体の半径を$a = 50$ mmとし，ねじのリードを$p = 10$ mmとしたとき，$M_E = 493M$となる。このとき自動車スプリングの中にあるダンパ程度の大きさで数トンの質量が実現でき，等価的に上下運動に対して重い質量のボディが乗っているとほぼ等価な効果が期待できる。一般的には防振機構として活用できる。

[課題] この方式の弱点を指摘し，弱点が問題とならない応用を考えよ。

【シーズ10】 必要なときに目覚める一次電池（中級）

シーズ：一次電池

展開例：日常生活で使用する電池は，スイッチをONにして負荷をかければただちに動作する。このスイッチをONにする操作は手動がほとんどである。このような完成品の電池は，電池内部に電極と，電子を流すための電解液が入っており，回路（負荷）がつながるといつでも電子が流れる構造になっている。ただし，回路がつながらない状態でも内部では正極の自己分解（劣化）などにより自己放電を起こし，電池としての寿命は短くなる。故障，天災，人災などの事象が発生した際にアラームを鳴らす電池式の警報装置では，事象とつぎの事象の発生間隔が電池の自己放電時間に対して50年から100年と長いため，事象が発生した際，電池の寿命が尽きている可能性がある。

ここでは，これを避けるために一次電池を分解し新たな展開を考える。一次電池は，**図1**に示すように2種類の金属と，その金属からの電子の移動を可能にする電解液から構成される。電解液と金属を分離しておき，なんらかの事象が起きたとき電極と電解液が一体化し電池として完成させられれば，融合するまでの間，自己放電がなく長寿命が保証される。事象としては，熱，力，加速度などの発生，毛細管現象による水の吸い込み，結露，落下などのさまざまな現象が考えられる。この現象に伴うエネルギーをトリガとして，ばねや重力によるポテンシャルエネルギーとして保存されているエネルギーをリリースし，分離していた電解液を電極収納容器内に注ぎ込むことで，電池として完成させる。**図2**は電極部金属に，マグネシウムと銅という安定した金属を用いた例で，異常加速度を検知した場合，その加速度でアンプルの首部が破損し電解液が電極部に注入される構造である。電子回路を使う場合は窒素ガスを封入し寿命を延ばす。

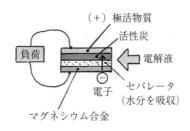

図1 完成型電池

電解液に浸ると電子が流れ発電する。電極と電解液を分離し事象をトリガとして合体し電池を構成する

図2 外部トリガで完成する電池

課題 発生する事象のエネルギーを利用して電池の電極と電解液を一体化させる仕組みを考えなさい。

【シーズ11】 ぜんまいばね発電（初級）

シーズ：ぜんまいばね

展開例：シーズ10の「必要なときに目覚める一次電池」で述べた2種類の金属に蓄えられた電気エネルギーを必用なときに取り出す方式は，歴史的には15世紀からの古い技術である．一方，ぜんまいばねにエネルギーを蓄力する方式もまた，古くからの同種の技術である．電気エネルギーを人類が確保したことで電気文明が隆盛を極めたのが20世紀である．一つの優れた文明はほかの文明を駆逐する．鉄器は青銅器を駆逐し，電気エネルギーは機械的エネルギー活用を駆逐した．ここで昔に戻り，われわれの身の回りのものを電気で動かさず，人の手による機械的エネルギーで動かすことは一考の価値はある．お爺さんの時代から動いている時計の中のぜんまいばねをシーズとして展開してみたい．

昨今，イノシシ，シカ，サルや熊などが里山に降りてくることで起こる農業被害は農民の深刻な問題となり，効果的な対策を模索している．図1のように，畑に沿ってワイヤを張り巡らし，もしそうした害獣が畑内に侵入しようとしてワイヤに害獣の身体が触れるとワイヤがたわみ，ワイヤの端に設けた蓄力したぜんまいのリミッタが解除されることで，ぜんまいばねは定回転で解放され，ギヤを介して連動している高効率発電モータを回転させる．この発電した電気エネルギーで爆音を出す威嚇装置を駆動させ，害獣を即刻退散させてしまう．絶対パワーが不足する場合はCO_2などのガスボンベでソレノイドを用い，警笛音を発することも考えられる．

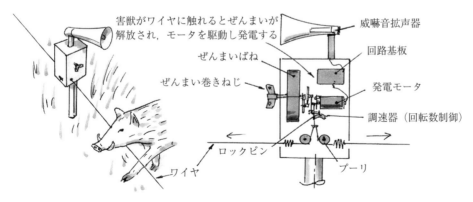

図1　害獣検知

［課題］ センサ（振動，風圧，加速度，振動などを検知）と組み合わせてぜんまいばねを利用した発電機を設計しつくってみよ．

【シーズ12】 マイクロホンの極低周波領域における超高感度圧力センサ化（上級）

シーズ：双指向性コンデンサマイクロホン

展開例：極低周波領域における超高感度圧力センサ化

双指向性マイクロホンを，人間の可聴音域である 20 Hz より低い極低周波領域における超高感度圧力センサへと変身させることを考える。一般的な双指向性マイクロホンには，図1に示すように前面と後面に圧力検出ポートがあり，これにより可聴音域において指向性を持つことができる。しかし，1 Hz の音のような極低周波領域の音では，波長がおよそ 340 m と大きく，マイクロホン自体が同じ圧力空間に入ってしまうため，受圧面が前後のポートから入った同じ音圧で押されることになり，検出することができない。ここで，図2に示すように，マイクロホンの前面か背面をチャンバで密閉し，別空間に置くと，密閉されたポートには音圧が到来せず，開放されたポートのみから音圧を捉える。これよりマイクロホンは無指向性となるが，代わりに極低周波領域の音圧を捉えることができるようになり，双指向性マイクロホンは極低周波領域における超高感度圧力センサとなる。

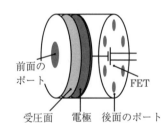

図1　双指向性マイクロホンの原理

図2　前後圧力取り込みポートを別空間に置くことで低周波領域に感度を持たせる

［課題］ 圧力センサの検出感度，計測範囲などを調べ，ここで述べる方式の特質を明らかにせよ。そのうえで，このマイクロホンがどのように応用されるかを考えアプリケーションを提案せよ。

【シーズ 13】 火災,侵入,地震,光検出型総合セキュリティセンサ（上級）

シーズ：双指向性コンデンサマイクロホン
展開例：総合セキュリティセンサ化

図1に示すように透明なチャンバの中に黒色のスポンジを入れて，双指向性マイクロホンの一つのポートを密閉する。このセンサが設置されている空間で，火災，ドアの開閉，地震，ライトのON-OFFの事象が発生した場合を考える。火災では炎の揺らぎに応じた室内の圧力変動，ドアの開閉では開閉に伴う室内の空気の圧力変動，地震では天井板の振動に伴う室内の圧力変動，ライトのONではライトの光の照射に伴うスポンジの輻射熱によるチャンバ内の圧力変動を，それぞれ図中に示す波形のように検出することができる。

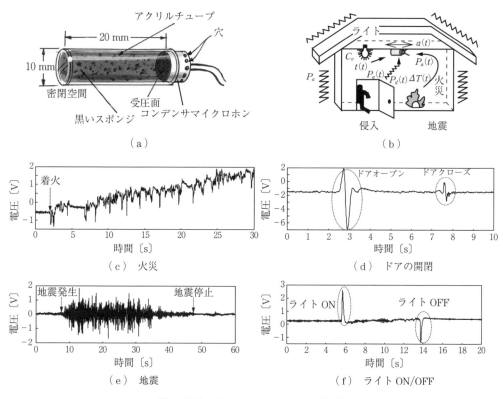

図1　総合セキュリティセンサへの展開例

[課題]　ここでは，屋内の総合セキュリティセンサを考えた。異なった場所，例えば工場，厨房あるいはスマートホン搭載などの状況を念頭に別展開を考えよ。

【シーズ 14】 ゴルフヘッドアップセンサ（中級）

シーズ：1 cm の気圧差を計測できるコンデンサマイクロホン
展開例：ゴルフヘッドアップセンサ

　高速エレベータに乗ると鼻腔内の圧力が対応できず耳に違和感を覚えるように，大気圧は高さに比例して減少する．空気の密度を $\rho = 1.205\,\mathrm{kg/m^3}$，重力加速度を $g = 9.8\,\mathrm{m/s^2}$ とすると，h〔m〕だけ上方の圧力は $-\rho g h$ だけ変化する．したがって，高さ 1 cm 上方の気圧変化は 0.12 Pa となる．この圧力は音圧では 74 dB 音の音響に相当し，マイクロホンで十分捉えられる圧力である．このマイクロホンをスポーツ計測に応用した例について考える．

　ゴルフスイング時に，スイング途中で頭が上がってしまうフォームをヘッドアップという．ヘッドアップでは，数十 ms の間に，1 cm 程度頭が上がる．これは，約 1 Hz 以上で，0.12 Pa 程度の気圧変化をする運動と考えられる．この圧力は上述したようにマイクロホンで十分捉えられる圧力である．したがって，超高感度圧力センサ化したコンデンサマイクロホンで，運動の昇降速さなどを十分に検知できる．このマイクロホンを頭部につけゴルフスイングをさせると，**図 1** に示すように頭部の上下運動速度が計測できる．

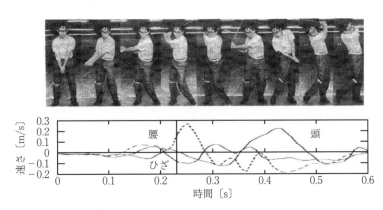

図 1　ゴルフスイング時のヘッドアップ

〔課題〕 この方式では強い風の環境では動圧を受けヘッドアップ計測が困難である．逆に，このマイクロホンを，動圧を計測できるセンサとして考えた場合の応用展開を考えよ．

【シーズ15】 無拘束ベッドセンシング（上級）

シーズ：双指向性コンデンサマイクロホン
展開例：ベッドセンシング型生体計測

　高齢社会を迎えた日本においては，日々の生体情報を把握したうえで，健康管理を行うことは重要である．現在，脈，呼吸などの肺・循環器系の生体信号を正確に計測するためには，電極や呼吸バンドなどのセンサを体に貼りつける必要がある．しかし，これらの方法は多かれ少なかれセンサで体を拘束する必要があるため，日々生体信号をモニタリングするには煩わしい．もし，自宅の自分のベッドに寝るだけで，脈，呼吸などの生体信号を計測できれば，健康管理の一助となる．ここでは，超高感度圧力センサ化された双指向性マイクロホンの応用例として，ベッドに寝るだけで，脈，呼吸などの生体信号を計測する例について考える．

　図1に，この方式の原理図を示す．ベッドクッションの下にエアマットレスを敷き，その上にヒトが横になると，脈動，呼吸，イビキに伴う振動がベッドクッションを介してエアマットレス内の空気に伝わる．エアマットレスからはエアチューブが出ており，その端にマイクロホンが接続されている．このマイクロホンにより，エアマットレス内の圧力変化を計測する．脈波，呼吸，イビキに

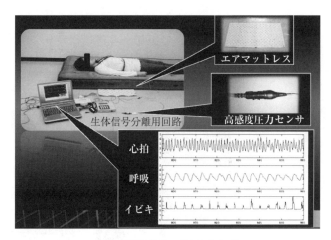

図1 無拘束ベッドセンシング

伴う振動は，重複しており，その圧力変化はマイクロホンにより同時に検出される．各生体信号は違う周波数帯域であるため，各周波数帯域を通過させるフィルタで分離し，脈波，呼吸，イビキの各成分に分離する．図1に分離された脈波，呼吸，イビキの波形を示す．

〔**課題**〕　この方式を，脈波，呼吸，イビキ以外の生体信号を検出するためのデバイスとして応用展開する例を考えよ．

【シーズ16】 ユビキタス医療センシング（中級）

シーズ：双指向性コンデンサマイクロホン

展開例：生活空間での生体計測

ユビキタス情報社会における健康モニタリングでは，できる限りシームレスに生体信号を計測することが重要である．在宅環境においても，ベッドセンシング方式でカバーできる寝室だけでなく，リビング，和室，風呂，トイレなどさまざまな部屋や環境において生体信号を計測できる方式を考える必要がある．ここでは，ベッドセンシング方式の原理をベッドから部屋全体に展開することを考える．図1に示すように，一端を閉じたエアチューブを，板に掘った溝に設置し，上板で閉じる．エアチューブの閉じていない端にマイクロホンを接続する．このデバイスを図2に示すように，風呂の背もたれ部，トイレの便器と便座の間，フローリングの下，畳の中などに設置することで，それぞれの場所にいるヒトの脈動，呼吸を計測することができる．

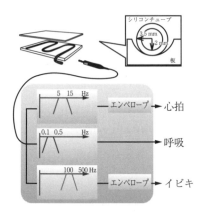

図1　エアチューブ型空気圧方式の計測原理

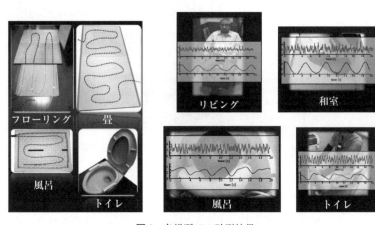

図2　各場所での計測結果

［課　題］　上記の原理をさらに展開し，風呂，トイレ，フローリング，和室以外での応用を考えよ．

【シーズ 17】 スマートホン端末搭載指向性マイクロホンによる生体計測（上級）

シーズ：スマートホン搭載マイクロホン

展開例：携帯電話やスマートホンにはマイクロホンが必須である。このマイクロホンに双指向性マイクロホンを用いて，図1に示すように二つのマイクロホンの前面を薄いシートで覆い，マイクロホン背面と分離する。これによりこのマイクロホンは低周波領域を計測できるマイクロホンとなり，このマイクロホンは $0.1\,\mathrm{Hz} \sim 10\,\mathrm{kHz}$ 程度の極低周波領域から可聴域まで音圧を捉えることができる。いまこのスマートホンを図2（a）に示すようにマイクロホン#1に親指が軽く触れるように持

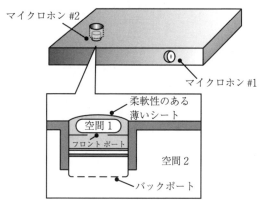

図1　スマートホン端末搭載指向性マイクロホン

つ。親指の脈動により薄いシートが振動を拾い指尖脈をマイクロホンが捉える。波形は（b）がマイクロホン出力，（c）が比較用に同時に計測したパルスオキシメータ出力の2階微分波形である。計測原理が異なることより波形は異なるが，脈拍数はまったく同じである。

（a）脈波計測のために，マイクロホン#1を親指で押さえた状態

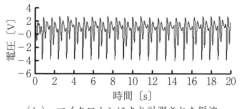

（b）マイクロホンにより計測された脈波

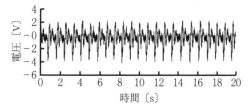

（c）リファレンス用のパルスオキシメータ出力の2階微分波形

図2　計測結果

［課題］ スマートホンにはマイクロホンのほかCCD，GPS，加速度センサなど多くのセンサが内蔵されている。これらのセンサを活用してユビキタス医療システムを構想せよ。

【シーズ18】 マイクロホンの加速度センサ化（中級）

シーズ：コンデンサマイクロホン

展開例：マイクロホンを真空中か一定の圧力のガス中で密閉する。音はガスがなければ伝搬できないので真空では音は検知できない。しかし，真空中にあってもマイクロホンに加速度が作用すると，受圧面はばねと質量とダンパから構成されるため，質量に慣性力がかかり受圧面を変位させる。つまり高感度な加速度センサとして機能する。このような加速度センサをスマートホンのオーディオ端子に接続することで，データの通信機能を備えた加速度センサになる（**図1**）。例えば，工場の回転機器の振動を計測し，診断センターに送信することで遠隔故障診断が可能になる。

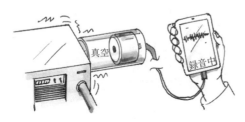

図1 加速度センサ化されたマイクロホンの例

【**課題**】 マイクロホンを工場での回転機器の故障診断として用いる例を示したが，ほかにどのような使い方があるか，展開を考えよ。

【シーズ19】 不完全燃焼センサ（上級）

シーズ：シリコンマイク

展開例：携帯電話のマイクロホンは，コンデンサマイクロホンからシリコンマイクに置き換わりつつある。シリコンマイクには音を伝搬するためのポートがついており，このポートに光が差し込むと光電効果により，半導体であるシリコンから電子が飛び出し，マイクロホンの出力電圧として表れる。つまり，シリコンマイクは光センサとしても機能する。**図1**に光の波長とシリコンマイクからの出力電圧を示す。半導体の不純物にもよるが600 nmより長い波長で光電効果が大きく表れる。この波長はタバコの火，不完全燃焼の炎である。ガスコンロで完全燃焼している場合には，青色の炎で感度が低い。したがって，不完全燃焼を検知するためのセンサとして利用できる。

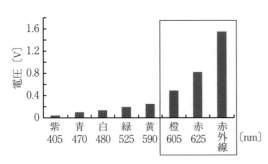

図1 光の波長とシリコンマイクの出力電圧

【**課題**】 ここでは，シリコンマイクが赤色光，赤外線に強く反応する現象を，不完全燃焼検出器として利用する例を示した。別なアプリケーションを提案せよ。

【シーズ20】 パイプの外から測る流量計（上級）

シーズ：加速度センサ化したコンデンサマイクロホン

展開例：パイプの外からパイプ内部を通過する流量を計測できることは一つの究極の流量計である。この展開はシーズからニーズへの展開であるとともに，工場現場における切実なニーズでもある。シーズとしては加速度センサ化したマイクロホンの展開であり，ニーズとしてはパイプの外から簡易に流量を計測できる流量計である。

パイプ内部では流体がエルボに衝突することで流れの乱れが発生する。図1に示すように，この成分の一部はパイプ壁面を垂直に衝突してパイプに振動を与え，その振動の振幅はベルヌーイの定理に従い流量の2乗に比例する。この振動をパイプ外部に設置した加速センサ化したマイクロホンで検知し，その際検知された電圧振動振幅と流量の関係は，図に示すように電圧振動振幅の$\sqrt{\ }$に比例する。k，bは校正のための係数であり，設置する環境において一度決定することで，高精度に流量を求めることができる。

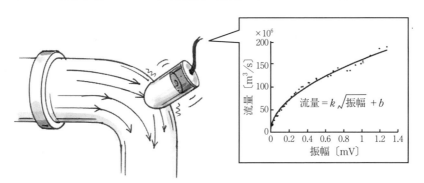

図1　パイプラインの外から測る流量計

［課題］ 従来の流量計では，パイプに穴を開けたりフランジをつけたりしてパイプ内部にオリフィスや電極などを入れなければならなかった。このような方式は，直接流体と接しながら流量を計測するために一定の精度は担保されつつ，メーカーが集荷前に校正できた。しかし工場において強度や素材などさまざまな検討の末につくられたパイプにこのような加工はできるだけ避けたい。提案する方式はこのような現場の要求に応えるものである。しかし現場における校正が必須である。このような特質をもつ流量計を売り込む際の戦略を考えよ。

【シーズ21】 楽器胴体を利用する音の再現型ラウドスピーカ (中級)

シーズ：圧電サウンドアクチュエータ

展開例：圧電素子を用いたスピーカは，低周波音域の再生が不得意なためダイナミック型スピーカに比べ劣るとされてきた。ダイナミック型スピーカは，電磁誘導による振動をコーン紙に伝え音声を出す構造で，スピーカ自体に音声を拡大化する機構を有している。これに対し，圧電素子によるスピーカは，薄い金属板に圧電素子を貼った構造で，薄い金属板そのものは共鳴板としての効果はほとんどないため，圧電スピーカ自体では大きな音量を出せない点が弱点である。しかし，圧電素子は超音波モータなどに使われているように振動パワーは大きい。そこで，圧電スピーカをスピーカというより音声振動をつくり出すサウンドアクチュエータと捉える（中心転換）。サウンドアクチュエータの最も振動する中央部にシャフトを設け，シャフトの先端を共鳴体に固定すれば，ダイナミック型スピーカに劣らぬ音声を再生することができる。例えば，ギターは弦を弾くことで，その振動が共鳴体となるギター本体に伝わり音を発するが，図1に示すように弦の代わりに圧電サウンドアクチュエータを用いて振動を発生させることで，ギターをスピーカとして使用することが可能となる。著名なギタープレーヤーの曲を流せば，ギターはその著名なギタープレーヤーの自動演奏装置となる。少なくともダイナミック型スピーカによる再生よりもギターをスピーカとして用いることで原音に近い臨場感のある音を楽しめる。過去多くの発明家がギターの自動演奏装置に挑戦してきたが，いずれも構造が複雑で，そのわりに再生音はけっして滑らかとはいえない。それに比べ，このサウンドアクチュエータは，ギターに固定するだけのきわめてシンプルな構造が特徴である。

図1　ギター自動演奏器

［課 題］ 楽器胴体が優れた音声再生装置になることを確認したが，圧電サウンドアクチュエータとの相性のよい共鳴体とのコンビ化（共鳴体の特性を生かした）を考えよ。

【シーズ22】 自動車用サウンドアクチュエータ（中級）

シーズ：圧電サウンドアクチュエータ

展開例：一般に音響機器に組み込まれているダイナミックスピーカは永久磁石とコイルを用いコーン状の振動体から音を発するが，構造的にスペースを取り，重量もあるため設置場所が限られる。それに対し圧電素子を薄い金属板（ばね材）の両面に貼りつけたアクチュエータは，平板状のため設置にスペースを取らず，きわめて軽量であり，わずかなアンプ出力 $1\sim 2$ W 程度で 10 W 相当の音量が得られるエコスピーカとなる。圧電スピーカは低音域が不得手とされているが，金属板の周囲にスタビライザを設けることで問題が解決できる。圧電素子を用いたアクチュエータをシーズとして，自動車の軽量化，省電力化，導線の短縮化をニーズとする展開が考えられる。自動車は共鳴体となる振動板が豊富で，外装パネル，ドアトリム，ルーフライナなどが最適である。

図1のように，アクチュエータの中央からねじ上のボスを出し，その先端部を車内外のパネルに固定することでパネルそのものが共鳴体となって振動し，パネルスピーカに変身する。このアクチュエータは構造上パネルとの脱着も容易なのでアウトドアで車を止め，リヤドアを開け，このアクチュエータを吸着盤などで固定するとリヤドア全体がパネルスピーカとなる。

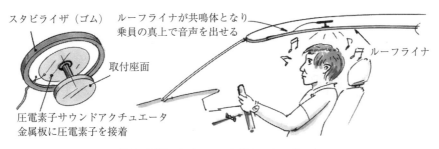

図1　圧電アクチュエータ型カーオーディオ

[課題] 圧電サウンドアクチュエータを用いて，新たな音づくりの用途を考えよ。

【シーズ23】 ベッドに寝る人の寝返り方向，脈拍，呼吸計測（上級）

シーズ：圧電デバイス

展開例：ここでは圧電デバイスを，歪→電圧変換デバイスとしてベッドセンシング生体計測への展開を考える．図1に示すように，ステンレスに張りつけた圧電デバイスを床とベッドのキャスターや脚下に挟み込む．このステンレス張りのデバイスは厚さ2.0 mm程度である．ベッドに人が横たわると圧電デバイスに人の脈動，呼吸動が伝わり，これらを電圧に変換する．図2（a）はパルスオキシメータで計測した指尖脈波であり，図（b）は増幅なしの圧電デバイスからの出力電圧である．図3（a）は呼吸計の出力電圧と，増幅なしの圧電デバイス出力電圧に遮断周波数0.5 Hzのローパスフィルタを通した波形である．これらの脈動と呼吸動は基準となるパルスオキシメータや呼吸計と同じ周期で現れており，脈動と呼吸動を捉えている．また，この圧電デバイスを図1に示すようにベッドの脚四隅に設置すると，それらすべては上記生体信号を捉えるとともに，ベッド上での人の寝返りの方向を計測できる．

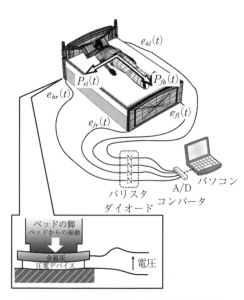

図1　圧電デバイスを用いた生体計測の原理

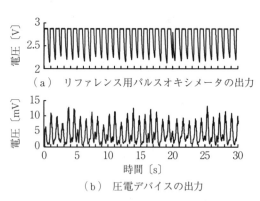

(a) リファレンス用パルスオキシメータの出力

(b) 圧電デバイスの出力

図2　本方式とパルスオキシメータ出力波形

(a) 低周波マイクロホンの出力

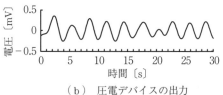

(b) 圧電デバイスの出力

図3　本方式と鼻腔近傍に設置した低周波マイクロホン出力波形

［課題］ この計測法を利用した介護施設の見守りシステムを構築せよ．また，ほかの方式と比較して特徴を整理しなさい．

【シーズ24】 自動車に隠れている人の検知（上級）

シーズ：圧電デバイス

展開例：陸続きの国では，自動車内に隠れ国境を越えようとする不法移民の問題は大きい。

　圧電デバイスの高感度特性を利用して自動車に隠れる人の検知を考える。図1に示すように，シーズ23のベッドセンシングのベッドの脚下に圧電デバイスを設置する代わりに，自動車のタイヤの下に敷くことで搭乗者の脈動を計測することを考える。自動車の重量から，圧電デバイスを防護するために図1に示すようにポリカーボネート板に張りつけた。板の下部には若干隙間を設け，自動車の荷重を支えつつ脈動で歪むことができるようにする。図2（a）にキャンピングカーの中に人間が隠れている場合の圧電デバイスの出力時系列波形を示す。ほぼ1秒周期の波形が現れている。図2（b）はスペクトルで人間の脈波の基本波と高調波がみられる。人がいない場合にはこのような波形は観測できない。

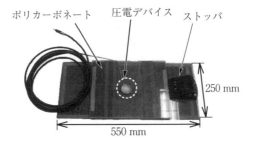

図1　キャンピングカーの下に設置した圧電デバイス

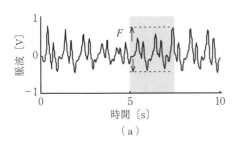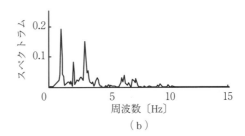

図2　車内に隠れている人の脈動

［課題］　自動車の内部にいる人の脈動がボディ，タイヤを通し圧電デバイスに伝わる。この事実は，この方式の感度のよさを示している。これを受けて有用な応用を考えよ。

【シーズ25】 流量計機能 （中級）

シーズ：うず笛

展開例：図1にうず笛を示す。下方の穴から空気を吹き込むと，上方の穴から抜けるが，笛の中央の円筒で旋回流となりうずが発生し，うず音が鳴る。その音の周波数は吹き込む流量に比例するので，周波数検知型流量計としての機能を持つ。

図2に吹き口に吹き込む流量に対する音のスペクトルを示す。流量に線形に比例したピーク周波数が現れる。図3は吹き口から空気を入れた場合と，逆に出口から空気を入れた場合の流量に対する圧力損失の特性を示す。吹き口から空気を送り込む場合，圧力損失は流速の2乗に比例して大きく増加するが，逆の場合の圧力損失は滑らかに増加する。これは，電子回路で用いられるダイオード特性に似ている。

図1 うず笛の外観

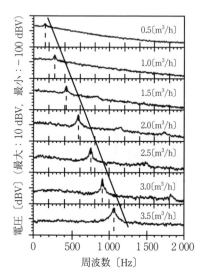

図2 流量に対する音のスペクトル

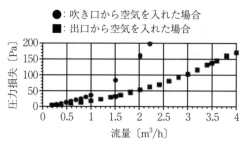

図3 流量と圧力損失

［課題］ うず笛に空気でなく水を入れた場合，水はどのように出てくるだろうか。また，その現象を利用して，どのような製品に応用できるだろうか。

【シーズ26】 うず笛の流量計の呼気流量計（上級）

シーズ：うず笛

展開例：シーズ25の「流量計機能（中級）」のように，うず笛の応用の一例として，容易に連想される呼気流量計への展開を考えてみよう（**図1**）。流量は音の周波数に比例するので，音が出て少しうるさいが，うず笛をくわえて吹くだけでよく，出力信号は音であり，この音をマイクロホンで捉えればコードレスで信号が得られる。これは被験者を拘束しない。積極的に呼気流量計用のうず笛をつくり，この音を分析するソフトをスマートホンや携帯電話のアプリとして提供すれば，いつでもどこでも肺機能は検査できる。これはユビキタス医療の一つの道具となる。

図1 肺活量の測定

［課題］ うず笛を努力性肺活量のインピーダンス計測に使うには，うず笛についてどのような点を検討しなければならないだろうか。電気回路のインピーダンスマッチングをヒントに考えよ。

【シーズ 27】 ホイッスル要素の流量計としての機能（上級）

シーズ：ホイッスル

展開例：ホイッスルメーカーの新たな事業領域への進出を考えているとする。武器はホイッスル関連技術のみである。ホイッスルは吹き込む流量によって音の周波数が変化する。そこでホイッスルを使用した流量計を考える。ホイッスルへの吹き込み量と発生する音の周波数分布の関係を調べると，複数の周波数ピークがあるが，吹き込む量によって変化するピークと変化しないピークがある。これより，ホイッスルには複数の発音機構があり，その中には流量によって音の高さが変化する機構が存在すると仮定できる。その機構を取り出せば流量計になるはずである。このためにホイッスルを図1に示すようにいくつかの部分に分解し，その中から流量計として機能する部分を取り出すことを考える。

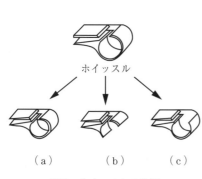

図1　ホイッスルの分解

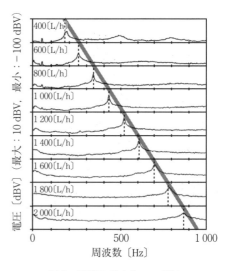

図2　流量に対するエッジにおける音のスペクトル

　図2は図1（c）の機構を使った場合の，空気の流入量に対する音のピークスペクトル周波数の変化の様子を示す。流量に対して線形にピークスペクトル周波数が高くなることがわかる。この関係により，ホイッスルの機構（c）を利用した流量計が可能であることがわかる。

［課題］ この流量計は安価・小型であるため，いままで気体流量を測っていなかった場面での活用が期待される。いままでは使用されていない，どのような場面で気体流量を測ると効果的か考えよ。

【シーズ28】 自動車対地速度計（上級）

シーズ：フェージングによる電波電界強度の強弱パターン

展開例：池の中に石を投げ入れると波が生じる。波紋は時間とともに広がっていき，池の端や障害物まで到達すると反射する。反射した波同士がぶつかり合い干渉を起こし，複雑な波紋が発生する。石を投げた場合には1回の波紋しか生じないが，同じような現象が音波や電磁波などでも生じる。**図1**に示すように，電波ではキャリア周波数に信号を重畳させ信号を送るため，空間的にほぼ一定周期で電界強度の強弱が生じる。これがフェージングである。この現象は，通信に悪影響を与えるため，生じる電界強度の間隔を考慮しアンテナを複数本にしたりするなど，さまざまな対策で影響を少なくする方法が考えられてきている。ここでは，この電界強度の強弱を逆に空間におけるものさしとして使う方法を考えよう。

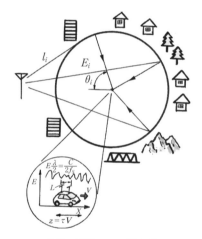
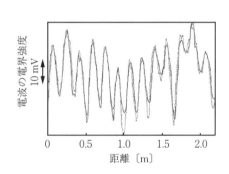

図1　電波フェージング　　　　図2　電界強度の空間変化パターン

　図2に法政大学の研究棟屋上で測定したパーソナル無線の電界強度分布を示す。空間に固有であることを示すため，30分後に同様に測定した電界強度は点線で表している。詳細については6章のニーズ対応事例5で述べるが，電界強度の強弱は，ほぼ電波の半波長おきに生じる。これは，空間に電波周波数ごとの電界強度の周期的な強弱というものさしがあることを意味し，この目盛を通過する時間から速度が計測できることを示す。

〔**課題**〕　通信機にはフェージングによる電波障害を補正する，例えばAGC回路が使用されている。この補正の回路では電界強度変化を捉えている。この補正信号を利用し，この原理に基づく速度計を構想せよ。

【シーズ 29】 圧力調整器からのエネルギー回収（上級）

シーズ：圧力調整器

展開例：圧力調整器は，高圧ガスを低圧で一定の圧力に変換し制御する装置である。しかし，高圧から低圧に変換される際，ガスボンベに詰め込む際に使われたエネルギーを捨てている。都市ガスやLPガスのメータはマイコンを使用しているが，電池の電気を節約するために，マイコンの機能をフル活用していない。マイコンメータの電源のために，圧力調整器で捨てるエネルギーを電気エネルギーとして回収するシステムは，考えられないだろうか。

図1には流量が $200 \times 10^{-3} \mathrm{m}^3/\mathrm{hr}$ 程度（これは一口コンロで煮炊きしているときのガス流量）の場合の，タンク内圧力と圧力調整器で減圧されたときに破棄される単位時間当りのエネルギーの関係を示す。電池のレベルでは大きなエネルギーである。例えばタンク内が5気圧程度の場合で30分ガスを使うとすると，$(30/60) \mathrm{hr} \times 30 \mathrm{W} = 10 \mathrm{Ahr} (1.5 \mathrm{V})$ となり，単一電池に蓄えられるエネルギーより多い。図2はエネルギー回収法の一例である。高圧ガスを空気モータあるいは小型のスチームエンジンにフィードする。これらは回転運動を起こし，この軸に発電機をつけ発電させるものである。空気モータあるいはスチームエンジンから排出されるガス気圧は発電機の負荷により調整できる。圧力を一定にする制御も可能であるが，最終的には従来の圧力調整器で安全なガス圧に調整して燃焼機器に供給することになろう。

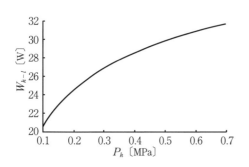

図1 圧力調整で破棄されるエネルギー

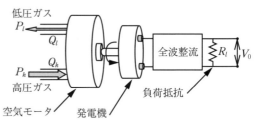

図2 エネルギー回収システム

［課題］ 天然ガスを圧縮しても液化しない。CNG（compressed natural gas）の内発はLPガスの比ではない。文献を参考にしながら，CNGではどの程度のエネルギーを捨てているかを計算し，回収の方策を考えよ。

【シーズ 30】 アースドリル工法における N 値判定法（中級）

シーズ：アースドリルでの掘削機の油圧計

展開例：地震の多い日本において，建築における基礎杭は高い信頼性が要求される。そのため杭を施工する際には，杭穴を強度の高い地盤まで掘削する必要がある。地盤の強度は，N 値と呼ばれる値で表され，N 値 50 まで掘削する必要がある。**図 1** にアースドリル工法で使用される掘削機を示す。ここでは，アースドリル工法においてバケットを回転させるための油圧モータの圧力信号から，バケットの回転速度と油圧の圧力を求め，掘削中の地盤の N 値が 50 以上になったかをリアルタイムで判定するシステムを提案する。

図 2 に掘削中の油圧モータの圧力信号を示す。バケットの回転速度は図 2 に示すように圧力の周期的変化より求められる。また圧力は図 2 の平均値から求められる。処理法としては SVM 法を用いる。**図 3** の左図と中央は SVM 学習の深さに対する N 値のデータであり，右図は推定したプロフィールである。掘削しながらその杭穴における地盤の N 値を推定することができる。

【課題】 油圧モータはさまざまな重機で利用されている。それらを調べ，その油圧モータの信号から各現場環境においてどのような有益な情報を推定することができるかについて考えよ。

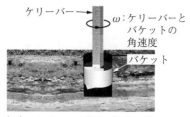

(a) ケリーバーおよびバケット

(b) 油圧モータ

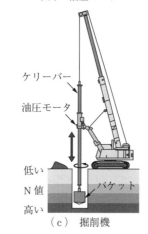

(c) 掘削機

図 1 アースドリル工法における掘削機

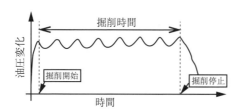

図 2 掘削中の油圧の変化

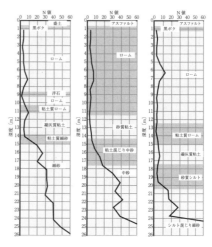

図 3 推定された N 値

5. 創造性トレーニングの課題一覧

5.2 ニーズからソリューション展開のためのトレーニング課題

1章の発想転換の心理学で述べたように，ニーズが与えられそのソリューションを求めるプロセスは，ソリューションの方向性を見定めるまでは発散的思考でさまざまなことを考える。方向性が見定められれば収束的思考で，アイデアをまとめていくプロセスに入る。ニーズの関心テーマは読者によって異なるであろう。ここでは10種類のニーズについて紹介する。これらはたまたま，筆者らが研究テーマとして取り組んだテーマである。

以下のニーズについて考え，そのソリューションについて紹介してある。

【ニーズ1】 振動加速度が閾値を超えると知らせる無電源加速度センサ（初級）
【ニーズ2】 質量を等価的に大きくする原理的機構（初級）
【ニーズ3】 エコ火災報知器　無電源100年火災報知器（中級）
【ニーズ4】 容積計測　自動車燃料計（上級）
【ニーズ5】 自動換気　自動給気扇（上級）
【ニーズ6】 粉粒体流量計測　煙道・パイプを通過する煤塵・塵埃（ばいじん・じんあい）の質量流量の計測（上級）
【ニーズ7】 パイプライン管理　パイプの長さの計測（上級）
【ニーズ8】 パイプライン管理　パイプのリーク場所の検知（中級）
【ニーズ9】 パイプライン管理　パイプの詰まり場所の検知（上級）
【ニーズ10】 パイプライン管理　パイプのリーク場所の検知（初級）

これらは，少し発想を変えた観点からニーズをつくったつもりである。例えば【ニーズ1】のソリューションは電源を使う方法にすれば加速度センサ，電子回路，ZIGBEE無線と通常のソリューションがすぐ思いつく。ここでは無電源という縛りを入れたことで通常方法は使えない。また無電源にすることで若干ローテクノロジーのように見えるが，現場からすれば，設備診断をする装置自体にさらに診断を行うことは屋上屋を架す方式で合理的ではない。このようにニーズの月並みではなく穿った，しかし現場のニーズの視点から設定してある。

シーズ展開の場合と同様に，事例の紹介の後に課題を設定してある。これらもトレーニングのための入り口となる課題でしかない。この事例からインスピレーションを得て新たなニーズを創生したり，ソリューションの方法もさまざまな観点から模索したりしてほしい。設定した課題にはユニークな解はない。解答者の解が一つの立派な解となる。

【ニーズ1】 振動加速度が閾値を超えると知らせる無電源加速度センサ（初級）

ニーズ：笹子トンネルの天井落下事故以来，社会インフラの健全性のモニタが再認識されている。モニタ用のシステムとして，加速度センサで計測したトンネル内の振動データを有線か無線で診断センターに伝送し，リスク状態を通知するという方式は容易に考えつくものである。しかしコンクリートの寿命は，センサ，電子デバイスの寿命より長いため，電子デバイスベースの管理システムをつくると，さらにその管理が必要となり，屋上屋を架すこととなる。リスクの兆候は，かなり前から現れており，微弱ではあるが広い範囲のどこかで徐々に増大している。したがって，このようなモニタ用のシステムとして，即刻性は不要であるが，広域に設置できるように，メンテナンスフリー，リセットが容易，安価であることが条件となる。

ソリューション例：コケシ型パイプ転倒による振動加速度センサ

「解」の一例として，単純構造かつ無電源・パッシブで加速度の大きさを目視で判定できる加速度センサがある。この解を実現するためのヒントは，江戸時代の文献に残る墓石の転倒記録から地震の震度を推定する方法である。水平方向の加速度を検知するために，図1のように，胴の部分を細くし頭部を重くしたコケシ状の構造体を用意し，これを上面が水平で振動体に固定設置できる水準器，調整脚つき箱に立てる。箱の水平上面に設けた穴からコケシの底面に紐を結びつけ，側面から紐を外に出しておく。この紐を引っ張ることでコケシを立たせ，リセットできる。上面外周には，サークルストーン状の突起を設け，コケシが倒れると転倒方向が検知できる。水平加速度があるレベルを超えたとき，加速度の方向と逆方向にコケシが倒れ，加速度の方向と加速度が定められた閾値を超えたことがわかる。

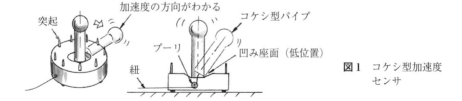

図1 コケシ型加速度センサ

〔課題〕 兆候となる震度は微弱である。かつて片持ち梁式の加速度センサは振動検知対象に設置するために持ち上げ動かすとよく壊れた。この方式は慎重な設置作業が求められ，コケシの底面につけた紐はこの対策の例である。このことを含めてトンネル，橋梁，家屋，工場などに適した方式にチューンアップせよ。

【ニーズ2】 質量を等価的に大きくする原理的機構（初級）

ニーズ：自動車は車体を重くすることで路面の凹凸に対してフィルタ効果を持たせ，乗り心地をよいものにする。実際に重いボディを乗せて走るとするとそのボディに相応しいエンジンが必要になる。けっきょく大型車となってしまう。しかし600ccのエンジンで6Lエンジン相当の乗り心地を実現するためには，実際は軽いが，等価的に重いボディ効果を持つような工夫がいる。

ソリューション例：図1に示すようにテコの左端から支点までの長さが1単位，支点から右端までの長さがnのテコを考えよう。テコは災害現場において人力で重い梁などを動かす力増幅器として使われる。ここでは質量の増幅器として使うことを考える。いま簡単のためにテコの質量を無視する。図に示すテコの右端に質量mのおもりを設置する。これは左端で動かすとどれほどの質量に感じられるであろうか？テコの両端の変位と力の関係および質量に作用する力と加速度の関係は，力学の基礎からつぎのようになる。

$$y = -nx, \quad f_y = -\frac{1}{n}f_x$$

$$m\frac{d^2y}{dt^2} = f_y$$

上式のyを消去して変位xに関する方程式に整理するとつぎのようになる。

$$n^2 m \frac{d^2x}{dt^2} = f_x$$

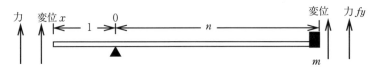

図1　テコによる質量変換

したがって，テコ左端に力を加えたときに感じられる慣性力は，テコの原理から右端ではn^2mの質量によることとなる。$n=10$とすると，100倍の質量となる。じつは歯車の原理もテコと同じである。

［課題］　直接テコを使う方式は事実上自動車には使えない。テコの長さと支点の強度が問題となる。ニーズは自動車からのものと想定したが，このままでも使える分野がある。この支点方式が合理的に応用できる事例を，例えば家屋や構造体の免震などにおいて考えよ。

【ニーズ3】 無電源100年火災報知器（中級）

ニーズ：熱が煙を感知してアラームを鳴らす火災報知器の設置が義務づけられた。このためのセンサ，判別および警報のエネルギー源は電池である。ここでは100年監視できる報知器をつくりたい。この観点から電池使用はきわめて困難でかつ不都合が多い。一度設置すると100年メンテナンスなしで火災を報知する機構があると，このような問題は解決される。

ソリューション例：火災の発生確率は低く，一生火災に遭わないほうが多い。ならば100年そのまま放置しても火災のときにそれを報知する仕組みがあればよい。熱感知は，火災報知器周辺温度が60℃になったら報知する。熱感知と警報の機能があればよい。無電源熱感知センサとしては低融点金属，低融点樹脂，バイメタル，形状記憶合金などがある。また，報知の手段として音を発するのであれば，ぜんまいばねに蓄えられるエネルギーか質量の持つポテンシャルエネルギーを運動エネルギーに変換し，なんらかの動きをつくり音響板を叩けばよい。**図1**は，熱感知センサとしてコイル状のバイメタルを用いた例である。周辺が60℃になるとバイメタルが回転し，ぜんまいばねのギヤ部ストッパーが解除され，ギヤが回転する。これにより，ベルの打ち金を勢いよく回転させ，大きな警報音が目覚まし時計のように鳴り続ける機構である。念のため10年ごとにバイメタルにライターの火を近づけてベルが鳴るのか，作動確認はしておきたい。

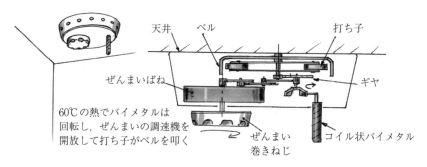

図1 無電源100年火災報知器

［課題］1 100年動作保障として，火災警報機構が湿気，塵やさび，ばねの種類などのあらゆる経年変化に対処した機構や設置方法に関し設計図を作成せよ。

［課題］2 これはシーズ展開課題である。事例は火災報知器を例に考えたが，脱電子・電気の発想と頻度は低いが重大な結果をもたらすリスクは多数存在する。この考えを例として，リスク検知のさまざまな展開を考えよ。

【ニーズ4】 自動車燃料計（上級）

ニーズ：自動車の車体が傾くとガソリンの量を正しく測ることができない場合がある。自動車燃料タンク内の燃料を正確に測りたい。

ソリューション例：タンク内にはガソリン以外に気体が入っている。ガソリンでなくその気体の体積を測ることで，間接的にガソリン量を測ることを考える。

気体の体積に関する物理法則の一つに，高校生でも知っている理想気体の断熱変化がある。

$$p(t)\,v(t)^\gamma = \text{const.}$$

上式は，断熱変化において，タンク内の気体の圧力と体積の積が，つねに一定値であることを示している。

ここで，タンク内の気体が断熱変化するように，ガソリンタンクの上に，図1に示す小さい基準タンクを取りつける。この場合，気体の断熱変化の公式を利用して，最終的に以下の関係を導き出すことができる。

$$V_F = V_T - \frac{P_R}{P_F} V_R$$

V_F はガソリンタンク内のガソリンの体積，V_T はタンク全体の容積，V_R と P_R はそれぞれ基準タンクの容積と気圧，P_F はガソリンタンク内の気圧である。

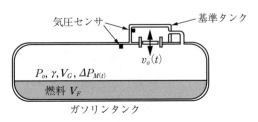

図1　ガソリン残量の計測

以上から，ガソリンタンクが多少傾いたとしても，ガソリンタンクに小さなタンクを設置し，二つのタンクの気圧を測ることにより，ガソリンの体積，すなわち残量を正確に測ることができる。

［課題］ ガソリン量計測以外の，ほかの応用例を考えよ（ただし体積計測，無重力タンク内の液量計測以外）。

【ニーズ5】 自動給気扇（上級）

ニーズ：住宅の高気密化はエアコンの効率を上げる一方で，新たに換気の問題をクローズアップした．従来の日本家屋はいわゆる隙間が多く，換気扇で排気しても隙間から給気がなされ，排気扇を回すだけで換気ができた．しかし，高気密住宅では，排気に伴い室内が負圧になりドアの開閉がしにくくなったり，換気が排気扇近傍でしか行われなかったりし，室内の全体的換気はなされないことがある．かりに厨房などでこのような状況になると，CO中毒などが発生しかねない問題がある．

ソリューション例：換気扇は電源を供給し，ファンをモータで回転させる．電源を供給しない場合，室内の気圧が，室外に対して2.5Pa以上低下するとファンは風車として回り出す．そして内部のインダクションモータの着磁したコアも回り出し，モータコイルを磁界が切り，発電機となって電圧を発生する．すなわち換気扇に電源を供給していない場合には，差圧計として機能する（図1）．

ここで，排気扇とは別に給気扇を設置し，圧力センサとアクチュエータとして間欠的に使用することを考える．初め給気扇の電源をOFFにしておく．排気扇をONにして回すと，室内は負圧に

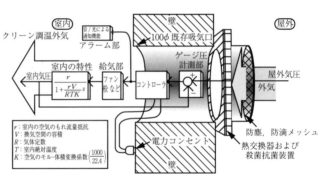

図1 自動給気システムの構成

なる．負圧が2.5Pa以下で給気扇は風車となり自動的に回り出す．これに伴い給気扇の電源端子に交流電圧が発生する．この電圧が3Pa相当に至ったとき，給気扇の電源をONにし，一定時間回転させ，強制給気を実行する．一定時間後，給気扇をOFFにして，再びセンサモードに切り替える．給気が十分でない場合，また風車としての給気扇は回転し出す．これでまた不足する給気を行いON-OFF制御的に給気を続け，負圧が規定値以下になったときに自動停止する．窓が開いていて，そちらから給気がなされている場合には室内の負圧は閾値以内であるので動作しない．

[課題] このシステムの有効な設置場所の一つは，厨房などCOが排出される場所である．このほかに，このシステムの有効な設置場所を考えよ．

【ニーズ6】 煙道・パイプを通過する煤塵(ばいじん)・塵埃(じんあい)の質量流量の計測（上級）

ニーズ：工場などで使われるものの状態で最も多いものが，広い意味での粉粒体である．石炭，プラスチックペレット，砂糖，灰，…と数えると限りがない．これらの量はパイプを通して秤の上のタンクに落とされ一定の量になったら止めて，重量を計測し，計測し終わったらタンクの底のホッパーが開き，つぎの工程に流し出すというバッチ処理で計測される．したがってこの設備は広い空間が必要で，かつ複雑なものとなり高価なものとなる．パイプに計測器を取りつけ，パイプ内を空気輸送される状態で粉粒体が計測できると嬉しいが，そのような設備はない．

ソリューション例1：ここではトリボフローメータの応用を考える．トリボとは摩擦電気のことであり，空気輸送される場合に粉粒体がパイプに衝突し，その際摩擦により粉粒体に電荷が蓄えられる現象である．電荷が蓄えられた粉粒体がパイプ内に設置された電極近くを通過すると，静電誘導により電極の電子が移動する．この移動によりわずかであるが電流が流れる．この電流変化を電流-電圧変換回路で捉える．これにより電極近傍を粉粒体が通過するごとに，**図1**のような電圧が現れる．これを積算することで通過粉粒体を数え上げることができる．

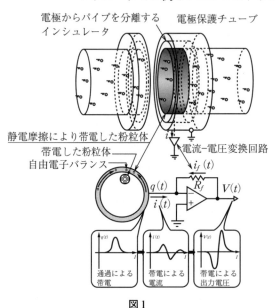

図1

ソリューション例2：上記ソリューションはトリボ現象を利用した．したがって粉粒体の質量などの力学量ではなく，静電摩擦がどれだけ発生するかという物質の電気的性質に作用される．質量流量を計測したい場合，力学的現象を用いるほうが得策である．いま，パイプのエルボにピエゾセラミックを貼りつける．粉粒体は，エルボに（質量）×（速度）の運動量で衝突する．この衝突に伴いエルボに衝撃が現れるが，これは質量流量にある相関を持ちうる．

［課題］ ここでは，粉流体に帯電する静電気，質量を使ってその数や質量流量などの状態量を計測する方法を提案しているが，これ以外の方法で，粉流体の状態量を測定する方法を考えよ．

【ニーズ7】 パイプの長さの計測（上級）

ニーズ：地下埋設パイプラインは，施工の事情で必ずしも設計図面どおりになっていないことがある。元来は施工の図を残しておくべきだが，管理されていないことが少なくない。その中の一つに管理上重要な施工埋設パイプの長さがある。

ソリューション例：縦笛の原理を利用してパイプ内部の状態を調べる。パイプを巨大な縦笛と考える。縦笛に息を吹き込み，ある穴を押さえると，その穴の位置により異なった定在波の音が鳴る。短い笛の場合には波長の短い定在波が立ち，長い笛の場合には定在波の波長は長くなる。音速がわかれば，音の周波数から定在波の長さが計算できる。これにより笛の長さが計測できる。

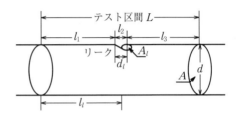

図1 リークのあるパイプの模型

図1にリークのあるパイプの模式図を示す。リークは笛の穴に相当する。このテスト区間長 L のパイプの左端から l_1 の場所に直径 $d_l = l_2$ で断面積が A_l のリークがあるとしよう。リーク右端からパイプ右端までの長さは l_3 とする。いま，このパイプに図2に示すようにラウドスピーカとマイクロホンを設置し，右端内部にマイクロホンを設置，密閉する。左端のラウドスピーカから白色雑音を加える。これは縦笛の息吹込み口から広帯域の音が入力されていることに相当する（穴はすべて押さえ，リークはないとする）。ラウドスピーカ右側とパイプ右端の2か所でマイクロホンの音を計測，解析する。図3に解析結果を示す。リークがない場合には両脇が負で中心が正の波形が現れ，この波形が現れる時間の音速を掛けたものがパイプの長さに対応する。

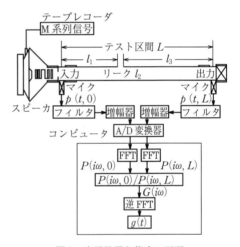

図2 実験装置と推定の原理

[**課題**] このような方法のパイプ長さ計測が求められるのは，どのような場合だろうか。

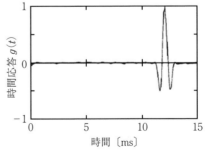

図3 解析結果

【ニーズ 8】 パイプのリーク場所の検知（中級）

ニーズ：阪神淡路大震災の場合には数か月かけて市中のガス管のリークを修復した。リークの場所を迅速に発見し修復して，復旧を急ぎたい。

ソリューション例：ニーズ7の「パイプの長さの計測」で述べたように，パイプのリークを縦笛の穴とみなす。リークがある場合，図1のように，パイプの長さに対応する時刻で正弦波一波（右側）と，もう一つこの波形に $-k$ ($k>0$) 倍した正弦波一波形（左側）が現れる。この発生時刻に音速を掛けると長さ (l_1-l_3)（ニーズ7の図1）となり，パイプテスト区間 $l_1+l_3=L$ であることよりリーク場所が計算から求まる。

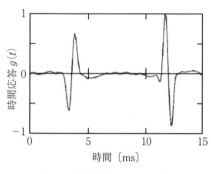

図1 解析結果（リークあり）

【課題】 ガス管以外の，効果的な応用例を考えよ。

【ニーズ 9】 パイプの詰まり場所の検知（上級）

ニーズ：水道管，ガス管や工場におけるガスなどの輸送管の内部が詰まることがある。詰まりはリークや故障の原因となる。詰まりが発生した場合，早期に詰まり場所を特定し，取り除きたい。

ソリューション例：これも，ニーズ7の「パイプの長さの計測」の応用問題である。詰まりでも音は反射し，パイプ内に定在波が立つ。ニーズ7の図2の装置を用い，同様の解析を行う。出力波形を求めると図1のようになる。パイプの長さに相当する場所と詰まりの場所に対応する時刻でシャープなパルスが現れている（①〜⑧）。したがって，ニーズ7の図2の装置はそのまま詰まりの場所を検知することに応用できる。

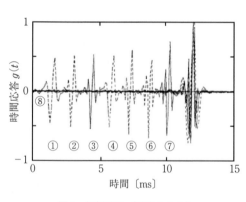

図1 解析結果（詰まりあり）

【課題】 この方法はどのような業種の工場に向いているか。

【ニーズ10】 パイプのリーク場所の検知（初級）

ニーズ：パイプにスピーカで音を加えるのではなく，逆にパイプ内を減圧して，リーク場所から流入する空気の乱流で発生する音を用いて，パイプの長さやリーク場所を特定する。

ソリューション例：リーク場所から空気が乱流状態で流入し，ランダムで白色雑音に近い圧力変動が発生する。これが音源となりパイプ内にパイプ長さとリーク場所の長さにより定まる定在波が立つ。この定在波を解析すると，**図1**に示すように二つの時刻でパルス状の波形が現れる。左側がリーク場所，右側がパイプの長さに対応している。パイプ内の音速とこれらの時間の積により，リーク場所とパイプの長さがわかる。

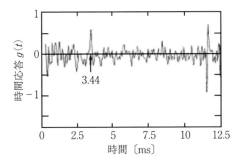

図1　解析結果（漏れあり）

［課題］ パイプにスピーカで音を加える方法と比較検討し，この方式のメリット・デメリットを明らかにせよ。

6 創造性トレーニングの事例

5章の創造性トレーニング課題でシーズからニーズへの展開30事例の概要，ニーズからソリューションの展開10事例の概要およびその課題を示した．本章はこれらの中でも，特に多くの分野に波及しうる事例の展開例や方法について，シーズ展開3事例とニーズからソリューション対応2事例を取り上げて詳細に述べる．読者は5章のトレーニング課題の解答の中でさまざまな思いを巡らしたものと思われるが，筆者らはこの中の5課題について筆者なりの解答を与えたつもりである．つぎの展開・対応の概要だけを述べておく．

● シーズ展開事例 ●

• シーズ展開事例1：コンデンサマイクロホンの超高感度圧力センサ化とその展開

マイクロホンの中で，コンデンサマイクロホンは高品質の音響センサとして使われてきた静電容量型センサである．この音圧はヒトの可聴音範囲の圧力センサであり，20 Hz～20 kHzの周波数帯域で2×10^{-5} Pa程度の音圧まで検知できる．圧力センサとして見れば超高感度である．このマイクロホンに簡単な工夫を加えると可聴音の範囲を超えて使えるようになる．このとき，これは音のセンサからさまざまな現象を検知できるセンサとして展開できる．7階建てのビルの7階の窓を強く開けると一階で圧力が変化するが，この程度の圧力は検知できる．この特性を利用した展開事例を紹介する．

• シーズ展開事例2：ピエゾ（圧電）素子の活用

ピエゾセラミック素子＝圧電デバイスは，歪み，力，電圧および温度を入力でき，歪み，力，電圧を出力できる多入力−多出力物理量変換デバイスである．この内部にフィードバックが内在している．入力4変数，出力3変数のマトリックスをつくるとそこには$4\times3=12$の入出力関係ができ，これらの関係ごとに応用が展開される．例えば電圧入力−電圧出力の関係は急峻なフィルタとして使われ，電圧入力−歪み出力はブザーやラウドスピーカとして，歪み入力−電圧出力は振動センサとして使われる．ここではこれらの特性を利用してさまざまな展開事例を示す．

• シーズ展開事例3：ホイッスルを流量計に使う

ホイッスルは笛としての機能を持つものとしてつくられているが，ホイッスル内での流体

運動は複雑である．しかし，ホイッスルの構造の一部を切り出すことで比較的単純な現象を起こさせることができる．この現象を適正にモデル化すれば，このモデルよりさまざまな応用が見えてくる．ここでは，流量-音の周波数型流量計への展開を紹介する．息を吹き込むことで音が鳴り，この音が呼気流量に比例することを利用した流量計への展開を考える．この展開領域はそれほど広くないが，われわれの身近な楽器が流量計となり得ることを示す．

● ニーズ対応事例 ●

・ニーズ対応事例4：電波の定在波の利用

われわれの生活空間には五感では感じ得ないが電磁波が定在している．この電磁波は主として通信などに使われているが，この電磁波の強度の空間分布を計測してみるとさまざまな面白い特性がわかる．その中の一つがレイリーフェージングと呼ばれる現象である．この現象は電波が空間の一部で消える（fade）現象で，通信の世界では困った問題である．しかし避けようがなければ別の有用な用途で使ってみようという中心転換の発想でニーズを創出し，ソリューションを提示する．

・ニーズ対応事例5：自動車の高精度燃料計

自動車の燃料計などは燃料の液位を計測している．レベル計を利用しているのである．しかし，自動車タンクは円筒ではなく液位が残留燃料に線形に比例しない．タンクごとに校正曲線をつくる方法もあるが厄介である．ここでは心理学の中心転換の方法で，燃料の残留量を測るのではなく，タンク内の燃料が使われ空洞になった空間の容積を計測する発想に立ってみる．タンク内のガス体積を測るのである．ここには物理学の理想気体の法則が適用できる．このような発想に立つと，無重量空間の燃料計，航空機の旋回中の燃料もリアルタイムに測れることとなる．さらに一般化すると体積が測れるようになるのである．このような方法を示す．

以上，ここでは5事例に絞って具体的にその方法を紹介する．
ここで紹介する方法の学術的知見は，筆者らの論文に記載されている．さらに興味をもたれた方は論文を読み解いてもらいたい．

シーズ展開事例1：コンデンサマイクロホンの超高感度圧力センサ化とその展開

マイクロホンは，エジソンの時代から電話や，ワックスに音を刻み込むレコードの入力装置など，われわれの生活を豊かにするためにあらゆるところで使われてきている。周りを見渡すと，携帯電話やスマートホン，ラップトップコンピュータ，インターホンなどさまざまなところでマイクロホンが使われており，われわれの生活の中に溶け込んでいる。しかし，マイクロホンはあまりにも身近な存在であるため，その凄さを認識できていないのではないだろうか。例えば，標準大気圧は1 013 hPa＝1.013×10^5 Paであるが，人間はこの大気圧のもと，20 Hz～20 kHzの周波数帯域において，非常に微弱な2×10^{-5} Pa程度の音圧から聞き取ることができる。マイクロホンは，この人間の可聴域の音を検知できるように長年工夫され最適化されてきており，微弱な圧力を検知することができる感度を持っている。

音響用のマイクロホンとしてはこの特性は当然のように感じるが，心理学の中心転換を用いて改めて圧力センサという観点から考えると，超高感度で広帯域の圧力を計測できるセンサである。

〔1〕 課題の分析

このマイクロホンをシーズとして展開するヒントは，超高感度圧力センサとして考えることにある。さらに，現在の検知可能な周波数帯域20 Hz～20 kHzの低周波領域を拡張し，20 Hz以下の低周波帯域でも音圧を検知できれば，マイクロホンのシーズとしての展開の可能性が広がる。従来，マイクロホンは，以下の二つの理由から低周波帯域に感度を持たないように，設計されてきた。一つ目の理由は，ノイズを防ぐためである。重力加速度gのもと，密度ρの気体の中で高さhの差があれば，その圧力差は$\rho g h$となる。したがって，空気中でマイクロホンを±5 cmの振幅で上下に振動させたときの圧力変化は

$$\pm \rho g h = \pm 1.205 \mathrm{[kg/m^3]} \times 9.8 \mathrm{[m/s^2]} \times 0.05 \mathrm{[m]} = \pm 0.6 \mathrm{\ Pa}$$

$$= 20 \log_{10} \left(\frac{0.6}{2 \times 10^{-5}} \right) = 89 \mathrm{\ dB}$$

となり，音の世界では大きなノイズになる。また，マイクロホンの受圧面には質量があるため，運動加速度×質量による慣性力も受圧面に影響を与え，出力信号を飽和させたりするためノイズの原因となる。二つ目の理由は，マイクロホンの受圧面が大きな圧力変化を受けて破壊されるのを防ぐためである。例えば，自動車内にマイクロホンを設置した状態で，自動車のドアを強く閉じると，受圧面には数百Pa以上の圧力が加わり，受圧面が破れてしまうことがある。これらの理由から，受圧面に小さな穴（オリフィス）を開け，空気の流動を可能にすることで，受圧面前後の低周波領域の圧力変動に関する感度を低減させてきた。この空気が流動できる穴が大きいと，低周波から高周波まで空気が通過でき，小さくなるにつれて高周波が通過できなくなる。従来のマイクロホンでは，このオリフィスの大きさを20 Hz

以下だけ通過するようにし，20 Hz〜20 kHzの可聴域の感度は担保しつつ，低周波の影響を低減するように調整されてきた。

〔2〕 課題解決の発想

このオリフィスの穴を小さくすることができれば，低周波領域における音圧の感度を上げることが可能となる。現在の，受圧面は以前と比較して頑丈であるため，この穴を塞いだとしても大きな圧力変化で受圧面が破壊されることはない。ただし，受圧面を完全密閉し絶対圧力計化すると，密閉空間を0 Paにしない限り，温度ドリフトの原因となる。これを防ぐため，完全に密閉するのではなく，わずかに受圧面の前後を空気が流動できる小さなオリフィスを用いれば，温度ドリフトを抑えつつ，低周波領域の感度を上げることが可能となる。

〔3〕 課題の解決例

上記の原理を構造的に持つマイクロホンを作製するにあたり，双指向性コンデンサマイクロホンを例に考える。双指向性コンデンサマイクロホンでは受圧面の前後に圧力感知ポートがあるため，前後に受圧面を保護したり，低周波圧力成分をカットしたりするためのオリフィスを設ける必要はない。また，受圧面の接着部からほんのわずかであるが空気のもれがあるため，完全に密閉されているわけでもない。したがって，双指向性コンデンサマイクロホンに以下の構造的な工夫を施すことで，低周波領域において感度を持つ圧力センサとすることができる。

図1には双指向性コンデンサマイクロホンの構造図を示す。音圧は，前面と後面に設置されたポートを通過し受圧面を振動させる。通常のコンデンサマイクロホンでは，受圧面として永久電荷がチャージされるエレクトレットフィルムが使用され，音圧により振動することで，後部の電極との変位が変化し，音圧に比例した電圧が出力される。音圧が前方から伝搬される場合，前方のポートから入る圧力と後方のポートから回り込んで入る圧力に時間差があるため受圧面は振動し，音圧を検知することができる。音圧が後方から伝搬される場合も同じである。しかし，横方向から到来する音は前方と後方のポートから同時に入り受圧面を押すため圧力が相殺され受圧面は振動せず，横から伝搬してきた音を検知できない。このよ

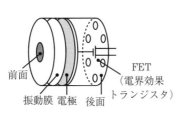

図1 双指向性コンデンサマイクロホンの構造

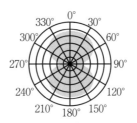

図2 双指向性マイクロホンの指向性特性

うにして，マイクロホンの前後から到来する音の感度は高く，側面から到来する圧力に対して感度を低くすることで，マイクロホンに指向性を与えている。マイクロホンの真正面を0°とし，真後ろを180°としたときの音の到来方向角度に対する感度を**図2**に示す。前方および後方からの音は高感度で捉えることができ，横方向の90°，270°での感度は低い。

以上のように，双指向性コンデンサマイクロホンは前面と後面のポートにより指向性が与えられるが，それと同時に低周波帯域で感度が取れないという特性も与えている。

例えば1 Hzの音の波長λは，λ＝音速／周波数＝(343 m/s)/1 Hz＝343 mとなる。図1に示すように厚さ0.5 cmのマイクロホンがあっても，波長343 mの中では，その前後の圧力はほぼ同じである。マイクロホンがスッポリ同じ圧力空間にあれば，受圧面は前後から同じ圧力で押されても歪みもしなければ振動もしない。波長が3.43 mの場合，すなわち100 Hzの音圧でも若干の違いはあるが受圧面は振動できない。すなわち双指向性マイクロホンは前面と後面にポートがあるため低周波音に対して感度が低い。

そこで，この双指向性マイクロホンの片側のポートを**図3**(a)に示すように密閉する。この図では前面を密閉している。こうすることで，図(b)に示すように指向性はなくなり，全方向において感度を持つようになる。さらに，この状態で1 Hzの音の空間にこのマイクロホンがスッポリ入っていたとしても，その圧力を受ける面は後面だけで，前面の密閉空間はその圧力の影響を受けない。したがって，受圧面には一方向からの圧力のみが作用して，低周波圧力変動でも検知可能となる。**図4**は双指向性のままの場合と，前面を閉じた場合の，マイクロホンのゲイン特性である。マイクロホンの場合0 dB＝1 V/Paであり，グラフの－40 dBは10^{-2} V/Paに相当する。この特性から，通常の双指向性マイクロホンでは

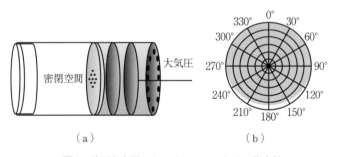

(a)　　　　　　　　　　(b)

図3　前面を密閉したマイクロホンとその指向性

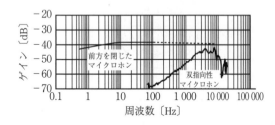

図4　双指向性マイクロホンそのままと前方を密閉した場合のマイクロホンのゲイン特性の比較

100 Hz 程度までの音をかろうじて検出できるが，前方を密閉したマイクロホンでは，1 Hz まで 10^{-2} V/Pa の感度で圧力変化を捉えることができる低周波超高感度圧力センサとして機能していることがわかる。

〔4〕 この方法の水平展開
[総合セキュリティセンサ展開]

低周波領域で超高感度圧力センサ化したマイクロホンには多くの応用が待ち受けている。ここでは空間の圧力変動を計測する総合セキュリティセンサの展開例を示す。**図5**は双指向性マイクロホンの前面を内部に黒いスポンジが入った透明なアクリルパイプで密閉した図である。密閉したことにより，図3（b）のように無指向性化され，図4のように低周波領域の高感度化が図られる。このマイクロホンのシステムはつぎの特性を持つ。

① 極低周波領域から音響領域上限までの圧力を高感度計測できる。元来のセンサ機能である。

② アクリルパイプ円筒方向の加速度を計測できる。
受圧面とアクリルチューブ内の空気には質量があるため，加速度が加わると慣性力を発生し，受圧面に作用するため計測できる。

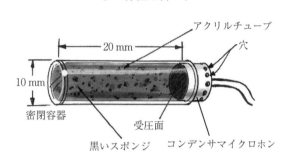

図5 総合セキュリティセンサとしての利用

③ 温度変化を計測できる。
周囲の温度変化があれば，アクリルパイプ内の圧力が変化することで，その圧力を計測できる。

④ 光変化を計測できる。
光が透明アクリルチューブ内の黒色のスポンジに照射されると輻射熱が発生する。これが，チューブ内の圧力を上げ，受圧面がその圧力変化を捉える。

つまり，図5のマイクロホンシステムは圧力，加速度，温度，光変化を検知することができるセンサということになる。このセンサの使い道として，例えば，火災，ドアの開閉，電球のON-OFF，ピッキングなど，セキュリティに関する事象の検知がある。**図6**は室内で模擬的火災を発生させたときの出力電圧である。出力電圧は室内温度上

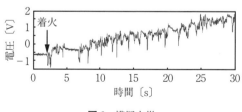

図6 模擬火災

昇に伴い徐々に増加し，炎の揺らぎに応じた変化が検知できる．図7はドアの開閉に伴い変化する室内の圧力である．図8は電球をON-OFFした場合の出力，図9はドア鍵を開けようとピッキングをしている場合の圧力・音圧変化，図10は模擬地震を発生させた際の出力電圧である．

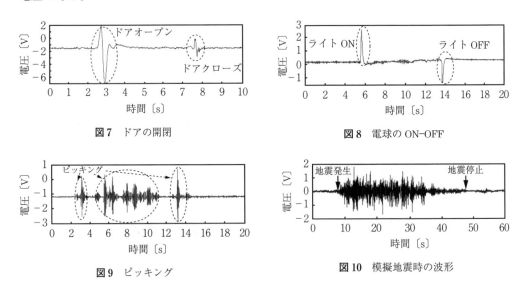

図7　ドアの開閉

図8　電球のON-OFF

図9　ピッキング

図10　模擬地震時の波形

これより，広い空間での火災，不法侵入，不法な電球の点灯，ピッキング，地震加速度を一つのセンサで計測できる．これは総合セキュリティセンサとして機能していることがわかる．

［生体計測展開］

つぎに生体計測への展開について述べる．指向性マイクロホンの前面あるいは後面にゴムチューブあるいはプラスチックキャップを取りつけることで，前面と後面を別空間に置く．図11には指先の脈波を計測する指尖圧力脈波計測，頚動脈圧力脈波計測のデバイスを示す．指尖圧力脈波計測ではチューブの先端に指抜きをはめ込み，そこに指を入れることでマイクロホンの前面と後面を分離している．頚動脈圧力脈波計測では，プラスチックキャップの片面を首の頚動脈部に接触させることでマイクロホンの前面と後面を分離している．指尖圧力脈波および頚動脈圧力脈波を同図に示しているが，きれいに脈波が計測されている．

［携帯電話での生体計測展開］

図12に携帯電話モデルに指向性マイクロホンを設置した例を示す．図に示すように二つのマイクロホンを設置する．マイクロホン#1は携帯電話ボックスを持ったときに自然と指（親指）が接触する場所に設置する．マイクロホン#2は，通話ができるように通常の場所に設置されている．双指向性マイクロホンの前面のポートは，可撓性のある凸型フィルムで覆

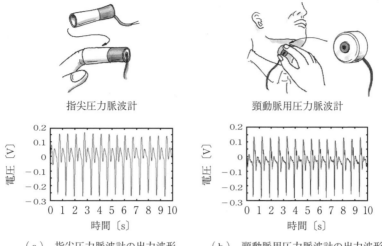

（a）指尖圧力脈波計の出力波形　　（b）頸動脈用圧力脈波計の出力波形

図11　マイクロホンシステムの脈波計測

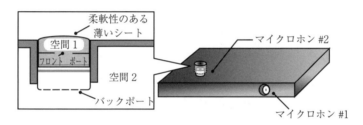

図12　携帯電話端末搭載指向性マイクロホン

われ密閉空間をつくっているか，むき出しの状態であるが指や首，胸などの人体に接触させることで密閉空間を構成する。この二つの低周波マイクロホンつきの携帯電話は，さまざまな生体信号（1）指先の脈波，（2）脈波と呼吸波を含んだ心音，（3）胸の心臓領域から指先までの脈拍の遅延時間，（4）首の頸動脈領域から指先までの脈拍の遅延時間，（5）脈波，呼吸，いびき，ベッドの人体の動きを計測できる。図13（a）に示すように，携帯電話モデルのマイクロホン#1を親指で覆うように持ち，脈波を計測した。図13（b），（c）は，フォトセルタイプの光パルスオキシメータ（ミズノ有限会社 DIGITAL MONITOR 30MB-1012）と同時に，マイクロホンで測定した圧力脈波を示している。指先マイクロホンを覆っている可撓性を持つフィルムを軽く押すだけで圧力脈波が測定でき，パルスオキシメータのような指先を挟む行為を必要としない。パルスオキシメータの信号は，光センサの出力にローパスフィルタを施すことで求めた。このために若干の遅延がある。図13（d），（e）は脈波データにFFTを施し，これらのスペクトルを示している。マイクロホンで測定した圧力は，従来のパルスオキシメータのスペクトルより高い周波数成分を含み，脈拍に対応する周波数で顕著なピーク値を示している。提案されたデバイスは，従来のパルスオキシメー

（a）脈波計測のために，マイクロホン #1 を親指で押さえた状態

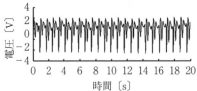
（b）マイクロホンにより計測された脈波

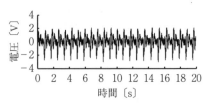
（c）リファレンス用のパルスオキシメータ出力の2階微分波形

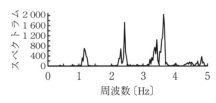
（d）マイクロホンの周波数特性

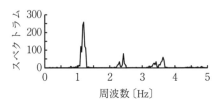
（e）パルスオキシメータの周波数特性

図13 携帯電話モデルを指で持った場合の結果

タよりも高周波成分までの情報を計測できる．**図14**（a）に示すように，裸の胸に従来型の電子聴診器（富士スコープ F-812）と，提案したマイクロホンを接触させて測定した．図14（b），（c）は測定された心音の時系列データを示している．図14（d），（e）の図は，それぞれ図14（b），（c）の心音のスペクトルを示している．従来の電子聴診器は 7 Hz よりも高い心音のスペクトルからしか計測できない．一方，提案したマイクロホンでは 0.1 Hz 付近からの呼吸のスペクトル，脈波の基本波と高調波成分が計測されている．**図15**（a）に示すように，軽く親指でマイクロホン #1 のカバーを押し，衣服上の胸に押したときの，親指の脈波と，呼吸，脈波を含む心音を計測した．図15（b）は両者の同時計測データを示している．提案されたシステムは，従来の聴診器では計測ができなかった衣服上からも心音を計測することができる．親指の波形は，心音から約 0.16 秒遅れた．心臓から指先までの血圧による遅延時間を計測している．この遅延時間と血圧には関係があるとされる研究結果も報告されており，遅延時間はいくつかの血圧に関連する情報を提供する．**図16**（a）に示すように，親指の指先でマイクロホン #1 を覆い，首付近の頸動脈でマイクロホン #2 を覆いそれぞれの部位の脈波を検出した．図16（b）は指尖脈波と頸動脈における脈波の時系列データを示している．指先での脈波は，血圧と関連している首付近の頸動脈から約 0.11 秒遅れていた．

(a) 胸部へ電子聴診器と，低周波マイクロホンと従来のマイクロホンを押しつけた状態

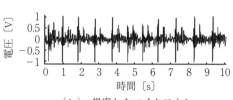

(b) 提案したマイクロホン

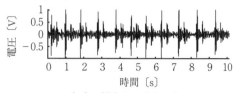

(c) 従来のマイクロホン

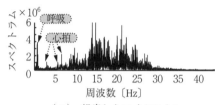

(d) 提案したマイクロホン

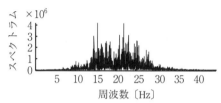

(e) 従来のマイクロホン

図14 胸部で計測した結果

(a) マイクロホン #1 を親指で抑え，マイクロホン #2 を服の上から胸に押し当てた状態

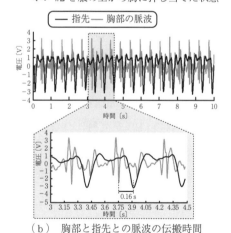

(b) 胸部と指先との脈波の伝搬時間

図15 服の上から計測した結果

(a) 頸動脈で計測した状態

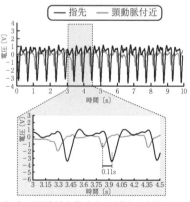

(b) 頸動脈と指先との脈波の伝搬時間

図16 親指と頸動脈で同時に脈を計測した結果

シーズ展開事例2：ピエゾ（圧電）素子の活用

　ピエゾ素子は圧電効果を利用した素子であり，その歴史は古くピエール・キュリーとジャック・キュリー兄弟が水晶の圧電効果を発見して以来，さまざまな分野で利用されてきた。比較的製造コストが安いということもあり，ブザーの発音体などとしてわれわれの日常生活の中に数多く溶け込んでいる。昨今，環境発電（エナジーハーベスティング）の時代を迎え，身の回りの振動などの未利用のエネルギーを賢く回収し有効活用しようという機運が高まってきており，ピエゾ素子が環境発電のコア発電技術として注目されている。ピエゾ素子は，ありふれた素子であるが，4.2.5項で説明したように，またつぎの「課題の分析」で述べるように内在するフィードバックによる「可逆特性」を持ち，それを掘り下げ生かそうとするとき，まったく新たな用途展開の可能性に気づく。ここで大切なポイントは，ピエゾ素子について聞き及んだ性質・特性に関する知識をすべて白紙（unlearn状態）に戻し，ゼロベースで発想することである。「こんなもんだという先入観や中途半端な専門知識」は，むしろピエゾ素子の新たな特性発見の可能性と，用途展開の発想を阻害する要因となる。このありふれたデバイスを付加価値の高い分野に，ゼロベースで応用してみる。

〔1〕　課題の分析

　ピエゾ現象は4.2.5項でも述べたとおり。「変位→電圧→電荷→力→変位」の循環系であり，ピエゾ素子に歪みを加えると電圧が発生し，電圧を加えると歪む。このピエゾ素子固有の特性は素子に内在するフィードバックによる「可逆性」で，注目すべき特性である。歪みを加えて発電するものは，着火器や各種センサ，環境発電などに応用され，電圧を加えて歪む特性はブザーなどの音を出すデバイス，振動アクチュエータなどに応用できる。また，超高輝度1万mcd以上の発光ダイオード（LED）が開発され，一定の電圧以上であるとそれほど電力を使うことなく発光する。ちなみにピエゾ素子は板厚に比例して電圧は高くなる。たとえば0.6mm厚だと約400V，10mm厚だと15000V以上の電圧を発電する。電流はそれに反して，厚みに関係なく1〜2mA以下にとどまる。実験では，40×60×0.6mmサイズのピエゾ素子の高電圧発電特性を生かし超高輝度300個のLEDを直列につなぎ（ダイオードで整流），外部からのインパクトを与えることで点灯するのが確認できた。ピエゾ素子は環境発電向けで，高電圧を発電するが電流は極わずかという高電圧低電流な発電が特徴だが，この知見はピエゾ素子の新たな用途展開を考えるうえで配慮すべきポイントである。ピエゾ素子はモータを回すには電流不足で不適だということもわかる。商品寿命としてソフトウェアが3カ月，電子回路が3年，センサが30年，アクチュエータは100年といわれることがある。ここでは筆者らの専門性の限界から，変位→発電機能をセンサかアクチュエータへの活用として高付加価値活用を考える。

〔2〕 課題解決の発想

ピエゾ素子は歪み・振動に対する高電圧発電が得意だと述べたが，それは，極わずかな振動に対しメリハリのある電圧，すなわち検知しやすいレベルの電圧でトリガを出せるということである。外部振動に対し，発電というよりも起電というほうが相応しいかもしれない。因みにピエゾ素子を貼った金属板の上をアリが歩くと，その振動を検知できるほどの「超高感度振動検知特性」を実験で確認している。ピエゾ素子の「安価性」と「超高感度振動検知特性」を医療やセキュリティなどの高付加価値センサとして役立たせることができれば，多くの人たちに質の高いサービスを提供できることになる。また，ピエゾ素子は自ら発電するという意味で「起電型センサ」，「無電源センサ」といえ，自立型センサとしての優位性を持つ。

〔3〕 課題の解決例

［回転トルクリミッタ］

図1に示すように，リン青銅（またはガラエポ板，SUS304などのばね材）の片面にピエゾ素子を貼り，先端部にネオジウム磁石を固定する。回転部の円盤にもネオジウム磁石を固定するが，同極を向かい合わせにさせて反力関係を持たせる。外部から回転部に力が加わったとき，回転しようとするが磁石の反力がトルクリミッタの役割を果たし回転できない。しかし，設定した反力以上に回転トルクが大きくなると，円板は回転すると同時にユニモルフが反ることで起電しトリガ電圧を発する。風力検知のトルクリミッタ・セッティングは，円板の径，磁石の種類，サイズそして磁石間の距離などを調整することで可能となる。具体的な用途展開として図2に示す「突風検知デバイス」が考えられる。昨今，異常気象やダウンバーストなどが原因で突風が起こるが，天気予報ではその予測が難しいといわれている。実際に突風による被害も多く，ニュースでも近ごろ，その実害が紹介されることが多い。

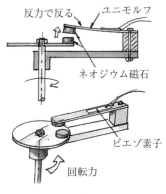

図1 回転検知スイッチ

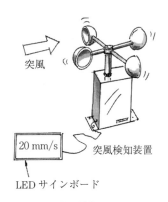

図2 突風検知デバイス

[非接触生体ベッドセンシング]

最近，独居老人の孤独死などが社会問題として重要視されており，その対策が急がれている。一般に生体信号を検知するには高価格の医療機器あるいは介護機器を使用する必要があり，普及の壁になっている。図3にこのような問題を解決するシステムの概要を示す。ピエゾ素子をステンレスの円板に貼り，床から浮かしてベッドの脚下端と床との間に敷くと，この素子はベッドに横たわる人の生体信号（心拍，呼吸，イビキ，セキ，掻きむしりなど）を非接触で検知する。人の呼吸や心臓の動きに伴う振動がベッドのマット，フレームを通して脚に伝わり，ピエゾ素子はその微振動でも起電し信号を出す。ピエゾ素子からの信号はローパスフィルタ→ADコンバータ→信号処理回路（32ビット程度のマイコン）を経由し信号処理され，パソコン画面で生体情報を確認できる。計測した波形には，呼吸動，脈動が混在している。しかし，これらの周波数帯域は異なるため，フィルタにより分離することで図4に示すような脈動が計測できる。ベッドや被験者の特性にもよるが，脈波は増幅なしに数mVの電圧，体動は大きな動きであり数百mVの電圧として計測できる。この方式の特徴は，非接触で生体信号が検知できるため，被験者に拘束感をまったく与えないことである。これにより，日々継続して生体信号を計測しても負担にならず，長期的な健康状態の推移をモニタできる。また，睡眠時の無呼吸症候群で悩んでいる人達にも役立てられる。

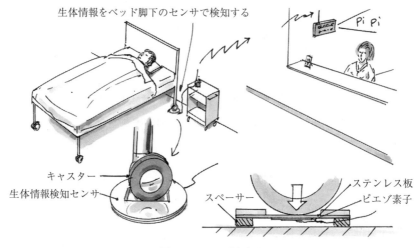

図3　センサの断面図

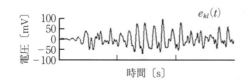

図4　ベッド型生体計測で検知した脈拍の波形

[AC100V（家庭用電源）によるピエゾアクチュエータ]

家庭用電源 AC100V は，50 Hz または 60 Hz の周波数を有していることにまず着目したい。図5 のように圧電素子を貼った厚さ 0.2 mm 以下の短冊状のユニモルフ金属板に，30 kΩ 程度の抵抗と例えば 50 Hz 家庭用商用電源をつなげると，ユニモルフ金属板は 50 Hz の周波数で振動する。この場合，ユニモルフの長さを調整することで効率のよい振動が得られる。ここで着目すべきは，特別な回路を用意することなく，家庭用のコンセントからの商用電源のみで，ダイレクトに圧電アクチュエータを駆動できることである。これにより図6 のように単振動の送風機もつくれる。この種のアクチュエータを考えるとき，駆動用回路を設計せねばと思い込みがちだが，冷静に考えると家庭用商用電源はピエゾ素子にとって「アクチュエータの電源」になることに気づく。2.1.2項で述べた関係化力を発揮して AC 電源とピエゾ素子をダイレクトに結びつけることで，特別な駆動回路を必要としないピエゾアクチュエータが生まれる。このピエゾアクチュエータの用途としては，ワインや日本酒などの醸造用の樽に貼り，AC 電源につなぐだけで熟成を促進できるなどがある。

図5　商用電源アクチュエータ

図6　送風機

[車両通過検知空気センサ]

「ピエゾ素子は，外部からの直接的な歪みや振動で発電する」というのは一つの通念である。この通念は「ピエゾ素子は直接的なインパクトでしか発電しないのだ」という思い込みを生じさせ，それ以上の発展的創造思考を停止させてしまう。創造思考というプロセスで大切なことは，まず頭の中に刷り込まれたそうした通念に疑いを持ち，それ以外の可能性が必ず存在するはずだと希望的観測を抱き信じることだ。ピエゾ素子は，音という空気振動でも発電し，マイクロホンとしても使えることは周知の事実である。これは空気振動による空気密度の変化＝空気圧変化がピエゾ素子を振動させ発電していると説明できる。ならば音というカタチではなく，「単なる空気圧の増減変化でピエゾ素子を発電できる」という発想に飛躍できる。空気圧を増減させる機構は，図7 に示すようにもれのないようにビニールチューブの端を塞ぎ，もう一方の端にピエゾ素子を納めたケーシングにつなぐ方式が考えられる。代案としてチューブでなくても空気マットみたいな袋状のものでも構わない。図8 は約 5 m のビニールチューブとセンサのセットを，2 セット路面上にパラレルに敷き固定する。この上を車両が通過すると，チューブは潰れ，チューブ内の空圧は増し，ピエゾ素子を起電させ

128　6. 創造性トレーニングの事例

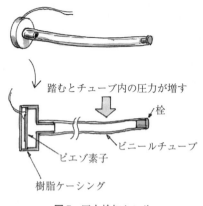

図7　圧力検知センサ

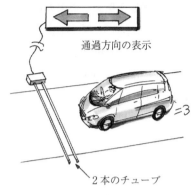

図8　自動車通過センサ

る．このトリガで車両が通過したことを知らせることができ，どちらのチューブを先に踏んだかで車両の侵入方向を検知できる．このデバイスは高速道路の工事での車両進入検知のデバイスとして数百セットが使われている．さらに2本のチューブを踏んだ間の時間を計れば，通過する車両のスピードも検知できる．さらなる用途案として，高速道路の出口に2本のチューブを設置し，通常とは逆の順に踏まれた場合，車両が逆方向に侵入していることを検知できる．付随的な特徴としてピエゾ素子への直接的なインパクトがないので，デバイスとしての耐久性があり，屋外のさまざまな環境下での使用に十分耐えるものである．

[超低周波加速度検知センサ]

　車両通過検知センサでは，空気の空圧変化でピエゾ素子を起電させた．ならば液体でも起電できるはずである．じつは，超低周波加速度検知センサに関しては，地滑りの兆候を検知できる加速度センサを開発している会社からの相談で，既存の加速度センサでは2 Hz以下の振動による超低周波加速度を検知するのに優れたセンサがなく，その開発を依頼されたという経緯があった．図9に示すようにパイプの端をねじ式のキャップ構造とし，もう一方の端にピエゾ素子を納めたケーシングにつなぐ．ケーシングには2 mmφの穴を設け，パイプからの液体はその穴を通してピエゾ素子につなげる．液体は空気に対し質量が大きいのでわずかな振動でも検知でき，結果として超低周波加速度の振動でもピエゾ素子は起電する．液体は屋外での使用を想定すると自動車に使われている不凍液がよい．濃度を増せば，−40℃でも凍結しない．パイプを水平方向と垂直方向に連結させると，液体でそれぞれのパイプが連通管となり，3次元方向の加速度を一つのピエゾ素子で検知できる．センサデバイスとしてはきわめてシンプルな構成でコストも下げられる．コストが下げられれば地滑り検知センサとして数多く設置でき，面的に精度の高い地滑り状況が検知できる．

シーズ展開事例2：ピエゾ（圧電）素子の活用　　129

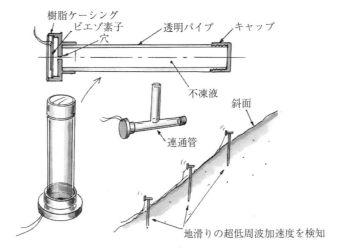

図9　超低周波加速度検知センサ

［ピエゾ流量検知センサ］

　流量センサは多くのメーカーから発売されている。プラント設備の中でも配管などにはこの流量センサが数多く設置され，各配管の流量管理に使われている。大きなプラントとなると，けっして安くない流量センサの使用数も膨大な数となり，そのコスト負担も大きい。

　この問題のソリューションとして，ピエゾ素子をばね材であるリン青銅板に貼ったユニモルフを熱収縮チューブで包み込むことで防水処理し，液体が流れるパイプ内に**図10**に示すように固定する。液体が流れてくると，その流量に比例してユニモルフは振動し電圧振幅も増す。現在，検知誤差も5％程度で，3％以内に抑えることも可能である。ピエゾ素子は，静荷重的圧力では起電しないが，水流の場合，水圧でユニモルフが押されて曲がり，ばねの反力で押し戻すという振動サイクルを繰り返しているため起電する。細かくは流体振動とユニモルフの関係で振動が起こり，この振動の大きさは流速の2乗に比例する。パイプの中に

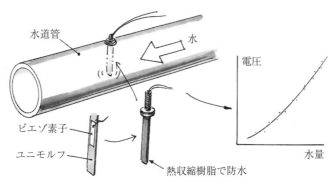

図10　ピエゾ流量検知センサ

ユニモルフを差し込むだけのシンプルな構造だけに，市販されている流量検知センサに比べ製造コストが安くなる．ある都市開発では，無数に張り巡らされた温水配管の流量検知に，このピエゾ流量検知センサが2 000個以上も使用される．

[モグラ，地ネズミ退治用地中発信装置]

ゴルフ場，畑，園芸場などでモグラや地ネズミによる被害は少なくない．モグラなどは300 Hzの周波数の音波を嫌うことが実験で明らかにされている．図11に示すようにピエゾ素子をステンレス円板の両面に貼り円板の中心に穴をあけ，長さ2 m程度のシャフトの端をこの穴に通し固定する．もう一方には共鳴箱を固定する．音源のアンプからの出力はさらにトランスでピエゾ素子駆動用に昇圧する．この出力をピエゾ素子につなげるとステンレスの円板は振動し，その振動がシャフトを介して先端の共鳴箱から300 Hzの音を発する．シャフトは地中に埋めるため土に直接触れるが，ピエゾ素子がつくる振動は地震のP波と同じ縦波なので，土に左右されることがなく振動を効率よく伝えられる．この構造を使えば水道管などの水漏れ音の検知にも応用展開の可能性が考えられる．

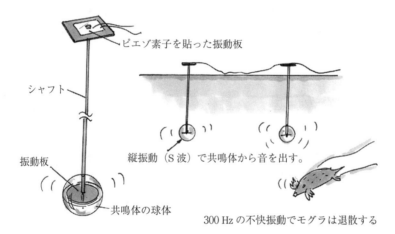

図11 モグラ，地ネズミ退治用地中発信装置

[不快振動検知センサ]

集合住宅で子供が暴れたりして階下の住人に不快振動を発し，住人間のトラブルを招く．不快振動といわれる周波数は研究で63 Hzといわれている．図12に示すように，ピエゾ素子を貼ったユニモルフを63 Hzで共振するようにつくっておけば，この不快振動を検知したとき，ユニモルフの共振をトリガとし，不快振動を出している住人に対してブザーで警告音を発することができ，トラブルというリスクを回避できる．

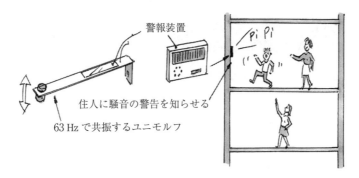

図12　不快振動検知センサ

[ヘルメット通信システム]

　最近ヘッドホンをしてサイクリングするのは両耳が塞がれ，周囲の音が聞こえなくなるので安全上危険だということで，法律により禁止されるようになった．イヤホンも両耳を塞ぐということで同様に使用禁止となった．そうはいわれても，アウトドアでサイクリングするとき，お気に入りの音楽を聴くのは最高である．それを奪われては，サイクリングの楽しみも半減してしまう．このソリューションとして考えられるのは，図13に示すように，ピエゾ素子を貼った金属板と十字状のプラスチックシートをおのおの中央に穴を開けシャフトで固定し，ヘルメットあるいは帽子と頭との間に挟み込む．ピエゾ素子から音声を出すにはMP3などの音声再生装置の1W程度のアンプ回路の出力に昇圧トランスをつなげ，数十kΩのピエゾ素子とインピーダンスマッチングさせる．ピエゾ素子はプラスチックシートを振動させることでヘルメットも振動し，音声を発することになる．頭の真上からの髪の毛を介しての音声だが，半骨伝導に近い形で頭蓋骨に伝わり，耳が多少不自由な人にも聴きやすい．なによりも両耳を塞がずに，ヘルメット全体が共鳴体となりスピーカーとなるので，周囲からの警笛音も聞こえて安全に音楽を楽しめる．

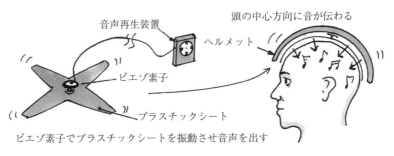

図13　ヘルメット通信システム

シーズ展開事例3：ホイッスルを流量計に使う

この課題は，図1に示すホイッスルを製造するメーカーが自社技術を用いて新たな製品をつくるというシーズからニーズへの展開の例である。ここではホイッスルを使用した流量計を考える。ホイッスルの需要はそれほど多くはない。一方で流量計は非常に幅広いマーケットがある。日本だけでも3 000万所帯を超えるガス消費者がいるが，家庭用のLPガスや都市ガスメータにも流量計が使われている。しかし，従来の方式である膜式流量計や超音波流量計に比較して，優れた流量計の原理をつくることができれば，この巨大マーケットを手中に収めることができないわけではない。一方，手軽でコンパクトな流量計ができれば，従来考えられなかった多くのアプリケーションが見つかる。ゴルフコースでの風の方向と強さ，自動車のエコ運転に欠かせない対空速度計測，飛行機のピトー管の代替，自動車の空気取込み量，考えれば驚くほど多くの応用がある。町工場の中小零細ホイッスルメーカーは，一躍大手のメーカーに様変わりするであろう。またホイッスルから始まった流量計メーカーになれば，そこからさまざまな枝葉のマーケットにつながるであろう。

図1　ホイッスル

〔1〕　課題の分析

この課題はどこでも手に入るホイッスルという既存デバイスから新製品を開発する課題である。ホイッスルから始まり，なにに使えるかと思考する1.2.1項で述べた拡散的思考が必要である。ホイッスルの機能は空気という流体を吹き口から流入し，音を発生させる機能をもつ。ホイッスル内部には小さなコルク球があり，音に振幅変調および周波数変調をかけている。これにより音を聞く者に強い注意を喚起する。サッカーやアメリカンフットボールはこのホイッスルでゲームがコントロールされている。多くの観客の大音響の中でもホイッスル音は選手に聞き取れるように最適化されている。

このホイッスルの展開先をまず考えなければならない。ホイッスルそのものとしては，スポーツにおけるレフリーからの指示や，警察官の警告・指示など，さまざまな現場における警告・指示で使われているが，最近では地震で倒壊した家屋にいる場所を知らせる，また渓流釣りで急流に飲み込まれた場合の助けを呼ぶためなどにも使われる。おそらく防犯用として持っている人もいるであろう。防犯・護身用ホイッスルはつねに身に着けておくものであり，ウェアラビリティやファッション性が求められる。このようなホイッスルが市販されているが，吹き込み口が小さい，音が小さいなど，本来の機能が十分でないものが多い。例えば，ペンダントのように首から吊し，格好よいサイズでしかも通常ホイッスル並みの音が出るタイプのものが欲しい。吹くと中のコルクがクルクル回り，その回転速度は息の流入量に比例するように感じられるが，このコルクを流量計の部品として使うのはあまりにも直接的

発想であるし,一種の接触式であり耐久性に欠ける。非接触で考えてみる。

〔2〕 課題解決の発想

図2(a)にホイッスルの断面図を示す。ホイッスルは(1)マウスピース,(2)円筒キャビティ,(3)吹き込んだ息の出口部,(4)エッジの4要素からなる。コルクを取り除いたホイッスルを弱く,中ぐらい,強く吹いたときの音のスペクトルは図2(b)のようになり,あるピークの周波数は吹き込み量に比例して増加する。ほかのピークの周波数は一定である。すなわちホイッスルの中には複数の発音機構があることがわかる。どの機構が流量に依存した音を出すかを調べ,その機構を取り出せば流量計になるはずである。このためにホイッスルをいくつかの部分に分解し,その中から流量計として機能する部分を取り出すことを考える。

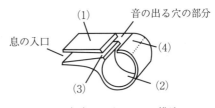

(a) ホイッスルの構造

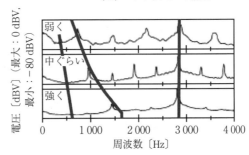

(b) 流量とホイッスルスペクトル

図2 ホイッスルの構造と特性

〔3〕 課題の解決例

いま,**図3**に示すようにホイッスルを(a)ホイッスルそのもの,(b)エッジとマウスピース,(c)円筒キャビティとマウスピースに分解する。それぞれホイッスル,ホイッスルA,ホイッスルBと呼ぶ。これらに空気を流し込み,その流入量に対し発生する音を録音してFFTでスペクトル分析をする。

図4(a),(b)は,ホイッスルそのものにおける,空気の流入量に対するピークスペクトル周波数の変化の様子である。低流量では流量に対して線形にピークスペクトル周波数は高くなるが,高流量では線形ではない。

図5(a),(b)は,ホイッスルAの空気の流入量に対するピークスペクトル周波数の変化の様子である。音には高調波成分も多く含まれるが,流量に対して線形にピークスペクト

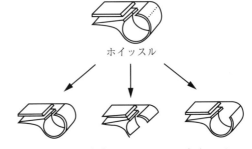

(a) ホイッスル　(b) ホイッスルA　(c) ホイッスルB

図3 ホイッスルの分解

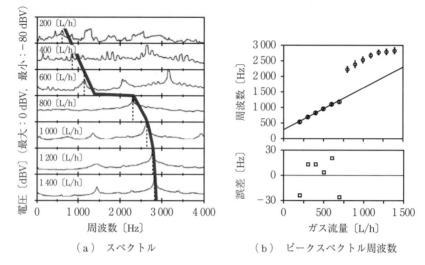

図4 流量に対するホイッスル音のスペクトルとピークスペクトル周波数

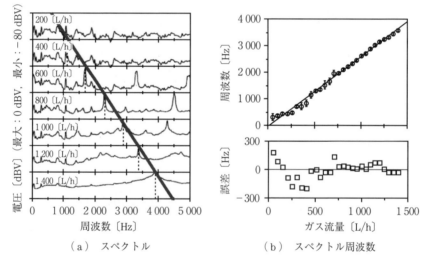

図5 流量に対するエッジにおける音のスペクトルとスペクトル周波数

ル周波数が高くなる。しかし,小さな流量では流量によらず一定の周波数の音より小さい。

図6(a),(b)はホイッスルBの空気の流入量に対するピークスペクトル周波数の変化の様子である。音にはほとんど単一スペクトルでピークを持つ。

図7はホイッスル,ホイッスルAおよびBの圧損である。ホイッスルは圧損が大きい。キャビティとマウスピースは圧損が小さい。これらの結果より,ホイッスルA,Bは圧損が小さく線形性がよく高調波成分が少ない流体振動型流量計であることがわかる。このような特性はなぜ起こるのかについては,推測であるが図8に示すようにキャビティ内で空気の安定した回転円柱がつくられ,この円柱がマウスピースからの流量に引き込まれ,上に移動す

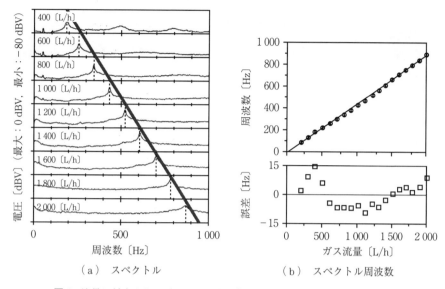

(a) スペクトル (b) スペクトル周波数

図6 流量に対するキャビティにおける音のスペクトルとスペクトル周波数

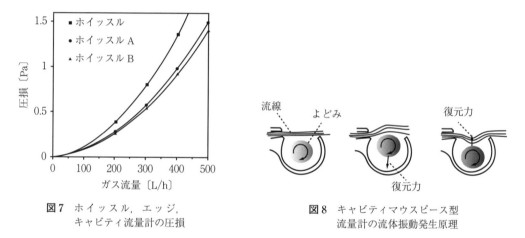

図7 ホイッスル，エッジ，キャビティ流量計の圧損

図8 キャビティマウスピース型流量計の流体振動発生原理

る．上に移動すると流量が直線的に進もうとして下に引き下ろす．すなわち，円柱が質量，流量流路を復元させるばねとして機能し，ばねと質量の共振系を構成するためと考えられている．

〔4〕 この方法の水平展開

マーケットの大きさからLP・都市ガス流量計に，という発想で始まったが，1.3.4項の「接近」の心理学から連想されるのは，吹くという機能から，呼気流量計への応用である．サイズを適切に決めることにより，呼気で発生する流量で可聴音の音が発生すれば，音感の鋭い人は音の高さから流量を知ることができる．医師が聴音器でさまざまな音から病状を判定するように，検査者はこの笛の音の高さから瞬時最大呼気を推定できる．

このように，流量計として幅広い応用が考えられるであろう．

ニーズ対応事例 4：電波の定在波の利用

図1に示すようにFM，TV，携帯電話，パーソナル無線などに使う周波数帯の電波は，直進性が強く建物や地形に到来すると反射し，干渉が起こることで電界強度の強弱が空間に定在する。この現象はマルチパス（あるいはレイリー）フェージングと呼ばれる。この現象による電界強度の空間的変化による影響，特に移動通信への悪影響を少なくするため，電界強度の間隔を考慮しアンテナを複数本にしたりするなどさまざまな対策が考えられてきている。ここでは，通信の際に悪影響を及ぼす，フェージングにより生じた電界強度の強弱を逆に空間におけるものさしとして使う方法を考えよう。

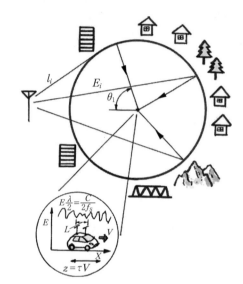

図1　電波フェージング

〔1〕 課題の分析

フェージングの性質について分析する。図1に示すように電波の伝わる経路は一つとは限らずさまざまな場所から反射し，干渉してフェージングが生じる。そのようなことからマルチパスフェージングといわれる。いま，図2に示すように，ある基地局から発信された波長λの電波が全方向から移動体に均一に入射したと仮定する。

第i経路を通過してきた電波通過経路長をl_i，移動体への入射角をθ_i，位相差をϕ_i，電界

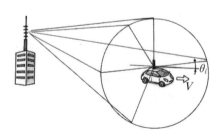

図2　ビルや地形による反射や回折

強度を E_i とすると，速さ v の移動体で受信する第 i 経路からの電波の電界強度は

$$e_i = E_i \cdot \exp\left(-2\pi j \frac{l_i - vt\cos\theta_i}{\lambda} + j\phi_i\right)$$

で表される。いま，全経路からの電波による電界強度分布は，θ_i が 0° から 360° の全方向から入射したとすると，時間自己相関関数 $\rho(\tau)$ は，つぎのように

$$\rho(\tau) = \frac{\sum_{i=1}^{\infty} E_i^2 \cdot \exp\left(j2\pi \frac{v}{\lambda}\tau\cdot\cos\theta_i\right)}{\sum_{i=1}^{\infty} E_i^2} \approx J_0\left(2\pi \frac{v}{\lambda}\tau\right)$$

第 0 次のベッセル関数で近似できる。$x = v\tau$ とすると，電界強度の空間自己相関関数は

$$\rho(x) \approx J_0\left(2\pi \frac{x}{\lambda}\right)$$

で表され，これをグラフで表すと，**図3**のようになる。

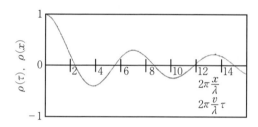

図3 電界強度の空間自己相関

つまり，電界強度の強弱は，空間分布で考えると，ほぼ電波の半波長おきに生じることを意味する。これを検証するために，研究棟屋上で電界強度分布の計測実験を行った。**図4**に実際に測定したパーソナル無線の電界強度分布を示す。点線は，30 分後に同じ場所で測定した電界強度である。**図5**には，測定した電界強度の自己相関関数を示す。このように理論的なベッセル関数と同じような波形が計算できていることがわかる。

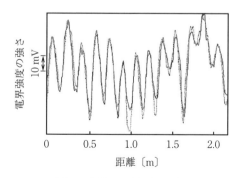

図4 計測した電界強度分布

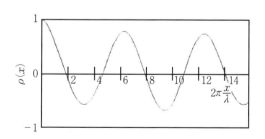

図5 図4の電界強度空間自己相関関数

〔2〕 課題解決の発想

車輪をもたない移動体の速さの携帯計測は，その重要性にもかかわらず適当なものがない。従来の移動体の速さ計測は，（1）路面に接触する車輪をもつ接触型，（2）路面に接しない無接触型に大別できる。接触型は長い歴史をもち安定している。しかし，接触型は車輪をもたない移動体には適用しにくい。また車輪を有する移動体に適用する場合でも計測車輪と路面間のスリップ，スキッドにより誤差が生じる。事実，自動車のアンチロックブレーキシステムの構築において車体の対地速さの推定に苦労をしている。非接触型の代表例は，光学的方法である。地面からの反射光の強さは場所により定まる空間パターンであり，光学的方法はこの量を利用している。進行方向軸上に直線的に配置された二つの光センサにより反射光を検知し，前後のセンサで検出された信号間のむだ時間を相関法により推定して，その値から速さを計算する。また光学的な空間フィルタ法も有名である。これらの光学的方法は接触型の諸問題を解決するが，空間フィルタの場合，路面と移動体間の距離が変化すると光学焦点合わせ機構が必要となり，さらに反射光の不規則模様の性質に応じて空間フィルタを替える必要があるため複雑になる。光学的方法はいずれの場合も泥，雨滴，そのほかの汚れに対する対策を必要とする。電波のドップラー効果を利用する方法もあるが移動体の姿勢変動に対処することは容易ではない。航空機用のピトー管やINS（inertial navigation system）も装置が大型・高価になる。近年では，GPSを利用する方法もあるが，精度の高いD-GPSを利用したとしても位置測定に1～5mの誤差があり，それを微分する速度は，さらに精度が悪くなる。AGC（auto gain control）のないFMラジオを聞きながら自動車を定速運転すると，ほぼ一定周期ごとに雑音が入る。これは電波のマルチパスフェージングと呼ばれる現象によるものである。放送局から送信された電波が反射，回折などによりさまざまな経路を通り位相を変え受信点に到り，受信点近傍の空間で干渉を起こし，空間にそのほぼ半波長周期の電界強度の強弱パターンをつくる。この現象は移動通信の雑音の原因としてよく知られている。この電界強度の空間的変化は，雨滴や泥に影響を受けない。また，この現象は地形，建物の反射によるものが主で，付近を走行する自動車などの反射の影響はわずかである。したがって，このマルチパスフェージングによる電界強度の空間的変化は，相関法や空間フィルタ法による速さ計測の空間パターンとして有効である可能性がある。特に，この電界強度変化を利用する方法は移動体が携帯できるという魅力がある。

〔3〕 課題の解決例

図6に，電波のマルチパスフェージングを空間パターンとして用いる絶対速さ計の原理図を示す。

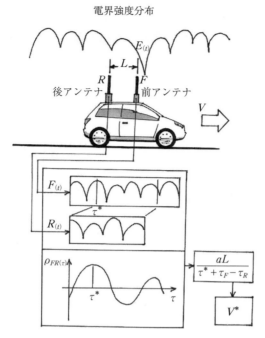

図6 絶対速さ計の原理図

〔4〕 この方法の水平展開

空間に固有であるという点と，電波が届く環境であるならばどこでも使える点を考えると，従来の計測が困難であった移動速度の計測センサとして活用できると考えられる。周波数が高くなると計測できる分解能も上がるが，周りの影響を受けやすくなる。これを逆に利用し，警備などのモーション検出センサなどの応用例も考えられるであろう。

一定の周波数の音や，超音波などでも空間に定在波が生じる。これを空間におけるものさしとして考えられるのではないか。

ニーズ対応事例5：自動車の高精度燃料計

図1に示すように，自動車を坂道に停車したとき，燃料計が，さっきより燃料が増えて表示された経験はないだろうか。メータのF（満タン）からは，燃料計メータはなかなか動かないが，少し減りだすと急にメータが動き出すこともよく経験する。アメリカでは，いい加減な人を「燃料計のような人」というらしい。

図1 自動車燃料計，坂道に停めると給油していないのに燃料が増える

自動車燃料タンク内の燃料を正確に測る方法を考えてみよう。たかが燃料計と考えるかもしれないが，重要な計器である。日本では，長くても数十km走ればガソリンスタンドが見つかる。しかし自然環境が厳しく国土の広い国では，つぎのガソリンスタンドまで相当の距離があり，燃料計を信頼して途中でガス欠になった場合，遭難の可能性もある。計測器としての精度が要求される。

〔1〕 課題の分析

なぜ燃料計の示すガソリンの量は，自動車車体の姿勢により変わるのだろうか？二つ理由が考えられる。**図2**に示すように，一つはガソリンのタンクの底からの液位（レベル）を計測していることにある。タンクが傾くと，計測器の置いている場所における液位が水平に置かれている場合から変わってしまう。

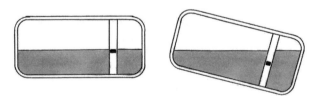

図2 タンクの傾きと液位の変化

二つ目は，自動車タンクは車内の居住空間を広く確保するために車体の片隅に追いやられ，円筒同断面積タンクなどは使用されていない。円筒形状から考えると，異形状でタンク高さは**図3**に示す例のように，きわめて低く平たんである。異形状のために水平に置いても，液位とガソリン量は線形に比例しない。またタンクの高さは低く平たんなため，少しの

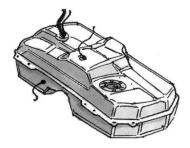

図3 自動車用燃料タンクの形状例

レベル誤差がガソリン量では大きな誤差になる。これが燃料計の精度が悪い原因である。

[2] **課題解決の発想**

われわれは燃料計と聞くとどうしても液体である燃料に注目してしまう。タンクの燃料の様子から目を遠ざけ，タンクの中全体を想像してみよう。1.2.2項の中心転換を図り，タンク内の液体燃料部から気体部に目を移す。かりにタンク内の気体の体積がわかると，タンクの容量からその気体体積を差し引けば，残ったものは燃料の量である。気体も燃料も流体であり，その量は容器の形状によりそれらの形が変わっても量には関係がない。これは筋のいい発想といえよう。

さてつぎは物理学である。「気体の体積」に関係する法則はなんだろうか？高校の物理学の教科書の目次あるいは索引から「気体」の項を見つけ探り当てると，理想気体の法則が容易に発見できる。インターネット検索エンジンを使っても同じことである。ここまでくれば，新たな発想に基づく燃料計のイメージは物理的に想定の範囲内である。教科書をひっくり返し，物理学を用いて論理的に攻めればよい。すなわち，原理ができた後，想定内の仕事として，振動問題や耐久性をエンジニアリングすればよい。

[3] **課題の解決例**

図4をもとに，空気圧式燃料計の解決策の一例を示す。気体の断熱変化過程に注目する。容積 V_T の燃料タンク①に体積 V_F の燃料②が入っている。タンクは密閉されており，重力

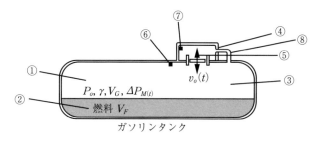

図4 空気圧式燃料ゲージ

により燃料は下部に溜り，タンク上部は燃料が気化した体積 V_G の気体③で充満されている。タンク上部に容積 V_R の小タンク④を固定する。小タンク④と燃料タンク①の間に漏れがなく，上下に $v_o(t)$ の体積変化する機能を持つ機構⑤をつける。この機構はシリンダとピストンでもよいし，溶剤でもある燃料で溶けない接着剤でつくられたラウドスピーカのような機構でもよい。体積 $v_o(t)$ に伴い変化する燃料タンク①の圧力 $p_F(t)$ を計測する圧力センサ⑥と小タンク④内の圧力 $p_R(t)$ を計測する圧力センサ⑦を設置する。センサとしてさまざまなものが考えられるが，圧電マイクロホンがよいだろう。金属に張りつけられた圧電素子をタンク外側に出しておくと，燃料の溶剤としての影響は受けにくくなる。事実，圧電素子は接着剤により金属に接着されている。小タンクと燃料タンクに気体の流通オリフィス⑧で連通させると，定常状態では両タンクの気体の状態は同じになる。両タンクの気体の絶対圧を P_o，気体の比熱比を γ とする。絶対圧 P_o は環境温度で変化し，比熱比も燃料の気化の状態で変化すると考えておいたほうがよい。体積変化機構の上下運動に伴い両タンクの気体の温度は変化するが，両タンク内の熱時定数に比べ体積変化機構の上下運動における周波数を高くすると，熱的ローパスフィルタ効果でタンク内の熱は外部に出ない。もう少し詳しく述べると，タンク内の圧力を上げると気体の圧縮に伴い温度が上昇する。この温度上昇に伴い熱がタンクの外に流れ出そうとするが，その前に今度は圧力が低下し膨張に伴って温度が低下する。外に出ようとしていた熱は中に引き戻される。熱が右往左往するだけでタンクの外には出ない。これより両タンク内では外部との熱のやり取りがない断熱変化が起こっているということになる。

　物理学の教科書によると，断熱変化している気体の圧力 $p(t)[=P_o+dp(t)]$ と体積 $v(t)[=V_o+dv(t)]$ の関係はつぎのように与えられている。

$$p(t)\,v(t)^\gamma = \mathrm{const.}$$

これは確立された物理法則である。これまでは物理学の問題であった。ここ以降は数学の問題である。上式を全微分すると $dp(t)\,v(t)^\gamma + \gamma v(t)^{\gamma-1} dv(t) = 0$ となり，これより

$$dp(t) = -\frac{\gamma p(t)}{v(t)} dv(t) \cong -\frac{\gamma P_o}{V_o} dv(t)$$

となる。いま体積変化機構の上下運動の体積変化を周波数 f の正弦波で与え

$$v_o(t) = v \sin 2\pi ft$$

とし，センサ⑥で計測される燃料タンク内の圧力 $p_F(t)$ の振幅を P_F，センサ⑦で計測される小タンク内の圧力 $p_R(t)$ の振幅を P_R とすると，上の断熱変化の関係式より

$$p_F(t) = P_F v \sin 2\pi ft = \frac{\gamma P_o}{V_G} v \sin 2\pi ft$$

$$p_R(t) = P_R v \sin 2\pi ft = \frac{\gamma P_o}{V_R} v \sin 2\pi ft$$

となる。振幅は圧力センサ⑥，⑦より数値で与えられる。これらの振幅比は

$$\frac{P_R}{P_F} = \frac{\dfrac{\gamma P_o}{V_R}}{\dfrac{\gamma P_o}{V_G}} = \frac{V_G}{V_R}$$

となる。これより燃料タンクの気体の体積は $V_G = \dfrac{P_R}{P_F} V_R$ となり，求めたい燃料の量は

$$V_F = V_T - \frac{P_R}{P_F} V_R$$

となる。この最終関係式ではタンク内の温度によって変化する絶対圧 P_o と燃料の気化状態で変化する比熱比 γ の項は相殺されている。これは小タンクと燃料タンクをオリフィスで連通する方策により可能になっている。以上が原理である。実際には，自動車走行中タンクの壁面は振動し，$p_F(t)$ にその振動成分が入る。このとき，タンクの壁面固有振動を避け，しかも圧電素子で圧力が感度よく計測できるよう，上下運動の変化周波数 f を選ぶなどエンジニアリングの課題をクリアして，初めてこのアイデアが実現できる。

〔4〕 この方法の水平展開

この課題は自動車燃料計の高精度化の課題として捉えた。しかし，この方法は自動車の燃料に限定する必要はない。つぎに，この方法の水平展開について考えてみる。まさに本書のテーマである，既存のデバイスあるいは方法を，元来の目的からほかの分野へと展開する試みである。そのためには，この技術を必要とする分野はどこかというシーズからニーズの発想が必要である。目を皿のようにして探すしかない。

［体積計測］

物体の質量は，秤で容易に測れる。体積は基本的物理量だが，この計測は困難である。アルキメデスの原理を使えばよいが，物体を水中に入れる必要がある。これらの方法を用いることで，濡らすことなく体積が測れる。

［無重力タンク内の液量計測］

無重量空間で液量に主として作用する力は液の表面張力である。通常，気体は液の中心部に球形の空間をつくる。これは別な意味で異形状であり，同じ手法が使える。ただし，気体が液中に点在する可能性があり，ピストンの運動の周波数は比較的低めでなければならないだろう。

引用・参考文献

●シーズ 5
1) Kajiro Watanabe and Yasushi Umezawa：Optimal Timing to Trigger an Airbag, SAE International Congress and Exposition, Detroit, Michigan March, pp.1-5 (1993)
2) 渡辺嘉二郎，梅澤 靖，飯島新太郎：自動車のエアバッグ展開アルゴリズム，計測自動制御学会論文集，Vol.33, No.12, pp.1181-1183 (1997)

●シーズ 7
1) 小林一行，渡辺嘉二郎，石川哲史，玉村 昇：ラウドスピーカを用いた異常音源の場所の推定，日本設備管理学会誌，第12巻，第1・2号，pp.25-31 (2000)

●シーズ 8
1) 渡辺嘉二郎，相澤孝志，長谷川孝夫：ゴルフスイング速さの非接触計測，計測自動制御学会論文集，Vol.32, No.5 (1996)

●シーズ 12
1) Kajiro Watanabe, Yosuke Kurihara, Tetsuo Nakamura and Hiroshi Tanaka：Design of a Low-Frequency Microphone for Mobile Phones and Its Application to Ubiquitous Medical and Healthcare Monitoring, IEEE Sensor Journal, Vol.10, No.5, pp. 934-941 (2010)

●シーズ 13
1) 渡辺嘉二郎，石垣 司：複数セキュリティ事象の単一デバイスによるセンシング，計測と制御，第44巻，第3号，pp.167-172 (2005)
2) Tsukasa Ishigaki, Tomoyuki Higuchi and Kajiro Watanabe：An Information Fusion-Based Multi-objective Security System with a Multiple-Input/Single-Output Sensor, IEEE Sensor Journal, Vol.7, No.5, pp.734-742 (2007)
3) Kajiro Watanabe, Tsukasa Ishigaki and Tomoyuki Higuchi：A Multivariable Detection Device Based on a Capacitive Microphone and Its Application to Security, IEEE Transactions on Instrumentation and measurement, Vol.59, No.7, pp.1955-1963 (2010)

●シーズ 14
1) 渡辺嘉二郎，西沢真一：スポーツにおける上下運動の計測，計測自動制御学会論文集，Vol.29. No.1, pp.10-17 (1993)

●シーズ 15
1) 渡辺春美，渡辺嘉二郎：睡眠中の心拍，呼吸，イビキ，体動および咳の無侵襲計測，計測自動制御学会論文集，Vol.35, No.8, pp.1012-1019 (1999)
2) 渡辺嘉二郎，渡辺春美：エアマットレス型無拘束生体計測の実用化研究，計測自動制御学会論文集，Vol.36, No.11, pp.894-900 (2000)
3) Kajiro Watanabe, Takashi Watanabe, Harumi Watanabe, Hisanori Ando, Takayuki Ishikawa and Keita Kobayashi：Noninvasive Measurement of Heartbeat, Respiration, Snoring and Body

Movements of a Subject in Bed via a Pneumatic Method, IEEE Transactions on Biomedical Engineering, Vol.52, No.12, pp.2100-2107 (2005)

● シーズ 16,シーズ展開事例 1
1) 渡邊崇士,渡辺嘉二郎:無拘束生体エアマットレス型生体センサによる睡眠段階の推定―心拍数変動と睡眠段階―,計測自動制御学会論文集,Vol.37,No.11,pp.821-829 (2001)
2) 渡邊崇士,渡辺嘉二郎:就寝時無拘束生体データによる睡眠段階の推定,計測自動制御学会論文集,Vol.38,No.7,pp.581-589 (2002)
3) Kajiro Watanabe, Yosuke Kurihara and Hiroshi Tanaka:Ubiquitous Health Monitoring at Home – Sensing of Human Biosignals on Flooring, on Tatami Mat, in the Bathtub, and in the Lavatory, IEEE Sensors Journal, Vol.9, No.12, pp.1847-1855 (2009)
4) Yosuke Kurihara, Kajiro Watanabe, Tetsuo Nakamura and Hiroshi Tanaka:Unconstrained Estimation Method of Delta-Wave Percentage Included in EEG of Sleeping Subjects, IEEE Transactions on Biomedical Engineering, Vol.58, No.3, pp.607-615 (2011)
5) Yosuke Kurihara, Kajiro Watanabe and Hiroshi Tanaka:Sleep-States-Transition Model by Body Movement and Estimation of Sleep-Stage-Appearance Probabilities by Kalman Filter, IEEE Transactions on Information Technology in Biomedicine, Vol.14, No. 6, pp.1428-1435 (2010)
6) Takashi Watanabe and Kajiro Watanabe:Noncontact Method for Sleep Stage Estimation, IEEE Transactions on Biomedical Engineering, Vol.51, No.10, pp.1735-1748 (2004)

● シーズ 24
1) 栗原陽介,増山康介,中村哲夫,萬羽健,渡辺嘉二郎:圧電セラミックを用いた自動車車体の微小振動計測 ―自動車内の生体情報検知とセキュリティ応用―,電気学会論文誌 C,130巻,5号,pp.844-851 (2010)
2) S. Nukaya, T. Shino, Y. Kurihara, K. Watanabe and H. Tanaka:Noninvasive Bed Sensing of Human Biosignals via Piezoceramic Devices Sandwiched Between the Floor and Bed, IEEE Sensors Journal, Vol.12, No.3, pp.431-438 (2012)

● シーズ 28
1) 渡辺嘉二郎,家入義郎,小林一行:電界強度の空間パターンを利用する移動体の絶対速さ計測,計測自動制御学会論文集,Vol.26,No.11,pp.1223-1229 (1990)
2) 小林一行,渡辺嘉二郎,大川洋児,松本茂:電波による絶対速さ計測法の自動車への応用の検討,計測自動制御学会論文集,Vol.28,No.3,pp.306-312 (1992)

● シーズ 29
1) 栗原陽介,三澤圭吾,渡辺嘉二郎,小林一行:LP ガス用エネルギー回収型圧力調整器の開発,計測自動制御学会論文集,Vol.45,No.3,pp.177-182 (2009)

● シーズ 30
1) 栗原陽介,杉村泰弘,渡辺嘉二郎,中田捷夫,小林一行:アースドリル工法における N 値判定法,計測自動制御学会論文集,Vol.46,No.9,pp.572-577 (2010)

● ニーズ 6
1) 渡辺嘉二郎,高橋雄一郎,萱原冨士生:煙道・パイプを通過する煤塵・塵埃の質量流量の計測,計測自動制御学会論文集,Vol.35,No.10,pp.1236-1242 (1999)

索　　引

【あ】

アインシュタイン　23
アースドリル工法　77, 103
圧電効果　124
圧電サウンドアクチュエータ　94, 95
圧電素子　114
圧電デバイス　96, 97
圧電デバイス利用　76
圧力センサ　109
圧力調整器　102
圧力調整器利用　77
アナロジー　11, 22

【い】

言い回し　29
異音発生場所の推定　75, 81
一次遅れ要素　43
一次電池　84
一流を知る　33
イメージの明確化　25
因果関係　28, 40, 43
因子分析力　27

【う】

うず笛　98, 99
うず笛利用　76

【え】

エウレカ　15
エジソン　23
エナジーハーベスティング　124
エネルギー回収　77, 102

【お】

屋内セキュリティセンサ化　75, 80
思い込み　5, 32
温度差起電力変換のブロック線図　73

温度ドリフト　117

【か】

階層的思考　2
害虫の捕獲器　74, 79
回転式電動機　68
　　──の特性　68
回転トルクリミッタ　125
概念規定力　29
カーオーディオスピーカ　79
可逆特性　124
拡散の思考　3, 4, 7
仮説形成　9
加速度センサ化　92
可聴域の音　116
楽器胴体を利用する音の再現型ラウドスピーカ　76, 94
構　え　5, 18
　　──を捨てる　19
環境発電　124
関係化力　28
関係性を紐解く力　27

【き】

起想力　25
既存デバイス　2
気　体　141
起電型センサ　125
基本伝達関数　43
極　考　30
極低周波領域　86
巨視的ものの見方　48
ギルフォード　7
極を見定める　30
「際」を攻める　30

【く】

繰り返し　22

【け】

啓示期　9

係数 $Q/\varepsilon S$　61
携帯電話での生体計測展開　120
結　果　10
ケーラー　12
原　因　10
検出点の移動　46
検　証　9
検証期　9
現象と伝達関数　43
元素還元論　52
見　力　27

【こ】

コア技術　2
合　成　9, 21
高精度燃料計　115, 140
呼吸計測　96
呼気流量計　76, 99
個　性　7, 25
個性的　14
ゴルフスイング速さの非接触計測　75, 82
ゴルフヘッドアップセンサ　75, 88
コンデンサ
　　──の構造　60
　　──の力-電圧変換循環系　63
　　──の電圧-変位変換循環系　62
　　──の電気・機械的性質　60
　　──の特性　60
コンデンサ電極板の力学特性　61
コンデンサマイクロホン　114

【さ】

再構築　21
再生的想像　9

【し】

刺　激　10
思考因子　8
磁石と導体からなるシステム　66

索　　引　　147

シーズ	3
指数関数のラプラス変換	37
システム全体の現象の推定	50
システム表現	44
シーズ展開	114
自然現象のモデリング	38
実　識	25
失敗を恐れず	22
質量を等価的に大きくする	75, 83, 106
視点を移す	20
自動給気扇	109
自動車	115, 140
自動車対地速度計	77, 101
――に隠れている人の検知	76, 97
自動車燃料計	108
自動車用サウンドアクチュエータ	76, 95
シナリオ作り	29
車両通過検知空気センサ	127
収束的思考	4, 7
手段の機能固定	1, 5, 6
準備期	9
小系思考	32
情報処理のアプローチ	10, 13
触発情報の収集	32
シリコンマイク	76, 92
塵埃の質量流量の計測	110
信号の流れの逆転	46
新製品開発	2
振動アクチュエータ	124
心理学	7
心理的ストレス	14
心理的抵抗	5
真理は更新される	31

【す】

数　学	35
スピーカ	80
スマートホン	75
スマートホン搭載マイクロホン	91

【せ】

生体計測	91, 120
セキュリティ応用展開	75, 80
セキュリティセンサ	75
接近	10, 21
ゼーベック効果	70
センサ	85
ぜんまいばね発電	75, 85
ぜんまい利用	75
専門規定は逃げ	31

【そ】

想考匠試	32
総合セキュリティセンサ	87
総合セキュリティセンサ展開	119
双指向性コンデンサマイクロホン	87, 90, 117
創造活動の行動指針	32
創造活動のチェックリスト	33
創造性	7
創造性トレーニング	74
創造性は天賦の才ではない	74
創造体質	24
創造的思考	8
創造的想像	8
創　脳	24
阻害要因	31
ソース	11
ソーンダイク	12

【た】

大系思考	32
対　比	10
ターゲット	11
多重専門分野	31
たたみ込み積分と伝達関数	41
立ち位置の確認	15
縦　笛	111
多様性	7
断熱変化	142
ターンバックル	75, 83

【ち】

力-電圧変換特性	64
力-電圧変換フィードバック系	63
知識の実識化	25
中心転換	12, 18, 20, 116
超高感度圧力センサ	114
超高感度圧力センサ化	75, 86
超高感度広帯域圧力計測	116
超高感度振動検知	125
超低周波加速度検知センサ	128
直列接続	45

【て】

電圧温度差特性	72
電圧温度差変換のブロック線図	72
電圧-変位変換特性	62
電気工学	35
電子工学	35
伝　達	9
伝達関数	40
電動機	66
――の特性	67, 68
――のブロック線図	67
電波チューナ利用	77
電波定在波	115
電波の定在波の利用	136
天ぷら廃油回収器	74, 78

【と】

等価変換	45
洞　察	1, 10, 12
ドゥンカー	5
独創性トレーニングチェックリスト	34
突風検知デバイス	125
トムソン効果	71
ドライシュタット	11
トーランス	9
トリボ現象	110
トリボフローメータ	110
トレーニング課題	74

【に】

| ニーズ | 3 |
| 日常性からの脱却 | 17, 18 |

【ね】

寝返り方向	96
猫の自動餌やり器	74, 78
熱電現象	70
――のモデル	70

【の】

| 脳力の出し惜しみ | 31 |

【は】

煤塵	110
パイプ詰まり場所の検知	112
パイプの外から測る流量計	93
パイプの長さの計測	111
パイプのリーク場所の検知	112, 113
発散的思考	1
発想転換	1
発電機	69
――としてのブロック線図	69
発電機特性	69
ハンディキャップの設定	17
反応	10

【ひ】

ピエゾアクチュエータ	127
ピエゾ素子	114, 124
ピエゾデバイス	65
――のフィードバック	65
ピエゾ流量検知センサ	129
微視的	48
非接触生体ベッドセンシング	126
必要なときに目覚める一次電池	75, 84
微分方程式と伝達関数	40
微分方程式の解	39
微分方程式のラプラス変換	39
ヒューリスティクス	13
ピンからキリを知る	33

【ふ】

フィードバック系	46
フィードバック接続	46
フィードフォワード系	46
フィルタ回路	57
フィールドサーベイ	26
風力検知	125
フェージング	101
不快振動検知センサ	130
孵化期	9
不完全燃焼センサ	76, 92
複合システムは必ずフィードバックを内包	52
不足	1, 9
――を感知	9, 16

物理学	35
――の教育体系	52
――の法則,効果,原理	54
物理システムのブロック線図	57
物理法則の伝達関数表現	55
プランニング	13
プレゼンテーション	16
ブロック線図	44
――の簡約化	48
ブロック線図論	36
「不」を感知するセンサ	26
分圧回路	57
分解	19, 21, 133

【へ】

併進変位-回転変位	83
並列接続	46
ベッドに寝る人の寝返り方向,脈拍,呼吸計測	76
ペットボトル利用	74
ペルチェ効果	71
ヘルメット通信システム	131
変位-電圧変換特性	65
変位-電圧変換フィードバック系	64

【ほ】

ホイッスル	100, 114, 132
ホイッスル利用	76

【ま】

マイクロホン	86, 116
――としての活用	75, 79
――の加速度センサ化	76
マイクロホン利用	75
マルチパスフェージング	136

【み】

右ねじと左ねじ	83
未知を知る	30
脈拍	96

【む】

無拘束ベッドセンシング	75, 89
無重力タンク内の液量計測	143
無電源加速度センサ	105
無電源センサ	125
無電源100年火災報知器	107

無批判な問題解決アルゴリズム	19

【も】

目的分析法	13
モグラ,地ネズミ退治	130
モデリング	36

【ゆ】

ユニモルフ金属板	127
ユビキタス医療センシング	75, 90

【ら】

ラウドスピーカ利用	75
ラプラス変換	36
――と微分方程式	38
――の性質	36

【り】

理想気体の断熱変化	108
流量計	76, 98, 100, 114, 132
流量計機能	76

【る】

類似	10, 11
類似性	12
類推	22

【れ】

レイリーフェージング	115
連合	1, 10
連想	1, 10

【ろ】

ろうそく問題	5

【わ】

ワレス	9

【英字】

N値判定法	77, 103
self-OS	24
unlearn	25
unlearn状態	124

―― 著者略歴 ――

渡邊　嘉二郎（わたなべ　かじろう）
　最終学歴　東京工業大学大学院理工学研究科
　　　　　　博士課程修了（電気工学専攻）
　学　　位　工学博士（東京工業大学）
　　　　　　博士（医学）（東京医科歯科大学）
　現　　在　法政大学教授

小林　一行（こばやし　かずゆき）
　最終学歴　法政大学大学院工学研究科博士課程
　　　　　　修了（システム工学専攻）
　学　　位　博士（工学）
　現　　在　法政大学教授

栗原　陽介（くりはら　ようすけ）
　最終学歴　法政大学大学院工学研究科博士課程
　　　　　　修了（システム工学専攻）
　学　　位　博士（工学）
　現　　在　青山学院大学准教授

城井　信正（しろい　のぶまさ）
　最終学歴　千葉大学工学部工業意匠学科卒業
　学　　位　工学士
　現　　在　株式会社シロイアソシエイツ代表
　　　　　　（商品企画，デザイン開発）

小坂　洋明（こさか　ひろあき）
　最終学歴　法政大学大学院工学研究科博士課程
　　　　　　修了（システム工学専攻）
　学　　位　博士（工学）
　現　　在　奈良工業高等専門学校教授

ものづくりのための創造性トレーニング
―― 温故創新 ――
Creativity Training in the Producing
―― Visiting Old, Create New ――
Ⓒ Watanabe, Shiroi, Kobayashi, Kosaka, Kurihara　2015

2015 年 2 月 23 日　初版第 1 刷発行　　　　　　　　　　　　　★

検印省略	著　者	渡　邊　嘉　二　郎
		城　井　信　正
		小　林　一　行
		小　坂　洋　明
		栗　原　陽　介
	発行者	株式会社　コロナ社
	代表者	牛来真也
	印刷所	萩原印刷株式会社

112-0011　東京都文京区千石 4-46-10
発行所　株式会社　コロナ社
CORONA PUBLISHING CO., LTD.
Tokyo Japan
振替 00140-8-14844・電話(03)3941-3131(代)
ホームページ　http://www.coronasha.co.jp

ISBN 978-4-339-04639-7　　（新井）　（製本：愛千製本所）
Printed in Japan

本書のコピー，スキャン，デジタル化等の無断複製・転載は著作権法上での例外を除き禁じられております。購入者以外の第三者による本書の電子データ化及び電子書籍化は，いかなる場合も認めておりません。

落丁・乱丁本はお取替えいたします

機械系教科書シリーズ

(各巻A5判)

- ■編集委員長　木本恭司
- ■幹　　　事　平井三友
- ■編集委員　青木　繁・阪部俊也・丸茂榮佑

配本順		書名	著者	頁	本体
1.	(12回)	機械工学概論	木本恭司 編著	236	2800円
2.	(1回)	機械系の電気工学	深野あづさ 著	188	2400円
3.	(20回)	機械工作法（増補）	平井三友・和田任弘・塚本晃久 共著	208	2500円
4.	(3回)	機械設計法	朝比奈奎一・黒田孝春・山川健二・古口誠一・荒井　斎・吉村正志・浜田志己 共著	264	3400円
5.	(4回)	システム工学	川村　洋 共著	216	2700円
6.	(5回)	材料学	久保井徳恵・保井徳洋・樫原恵蔵 共著	218	2600円
7.	(6回)	問題解決のためのCプログラミング	佐藤次郎・中村理男 共著	218	2600円
8.	(7回)	計測工学	前田良昭・木村一郎・押野至・田村晴雄・牧野州秀・生田目啓・押水秀之・高橋俊也 共著	220	2700円
9.	(8回)	機械系の工業英語		210	2500円
10.	(10回)	機械系の電子回路	阪部茂一 共著	184	2300円
11.	(9回)	工業熱力学	丸茂榮佑・木本恭司 共著	254	3000円
12.	(11回)	数値計算法	藪　忠司・伊藤惇・藤田紀男 共著	170	2200円
13.	(13回)	熱エネルギー・環境保全の工学	井田民男・木﨑恭己・山﨑友紀 共著	240	2900円
14.	(14回)	情報処理入門 ―情報の収集から伝達まで―	松下洋明・今城秀司・宮下明夫・下城雄一・武本義光・田口佳雄 共著	216	2600円
15.	(15回)	流体の力学	坂田雅彦・坂本紘二 共著	208	2500円
16.	(16回)	精密加工学	明田川正人・村石　剛・石山　靖 共著	200	2400円
17.	(17回)	工業力学	吉村米仁・木内　誠 共著	224	2800円
18.	(18回)	機械力学	青木　繁 著	190	2400円
19.	(29回)	材料力学（改訂版）	中島正貴 著	216	2700円
20.	(21回)	熱機関工学	越智敏明・老固潔一・吉本隆光 共著	206	2600円
21.	(22回)	自動制御	阪部俊也・飯田賢一・早川弘 共著	176	2300円
22.	(23回)	ロボット工学	櫟　弘明・矢野順彦・重松　洋・大高明男 共著	208	2600円
23.	(24回)	機構学		202	2600円
24.	(25回)	流体機械工学	小池　勝 著	172	2300円
25.	(26回)	伝熱工学	丸茂榮佑・矢尾匡永・牧野州秀 共著	232	3000円
26.	(27回)	材料強度学	境田彰芳 編著	200	2600円
27.	(28回)	生産工学 ―ものづくりマネジメント工学―	本位田光重・皆川健多郎 共著	176	2300円
28.		CAD／CAM	望月達也 著		

定価は本体価格+税です。
定価は変更されることがありますのでご了承下さい。

図書目録進呈◆